Galilée

Claude Allègre

Galilée

PLON

ISBN : 2-259-19623-3

Avertissement

Parce que c'était un défi, j'ai accepté d'écrire ce livre. Défi, en effet, que d'écrire une plaidoirie imaginaire pour un procès qui s'est déroulé il y a trois siècles et demi et qui eut lieu sans avocat, sans même qu'on explicitât exactement l'accusation, comme le pratiquait l'Inquisition (et comme aujourd'hui encore le font nos juges d'instruction).

Défi pour un scientifique : faire un faux.

Il fallait hardiment innover et moderniser.

J'ai donc décidé de me lancer dans un voyage dans le temps, mais en me fixant quelques règles précises :

• Les faits historiques concernant Galilée sont en principe exacts, de même que les faits et gestes des autres personnages présents ou évoqués. Les écarts sont dus soit à une ignorance de ma part, soit à de petits ajustements nécessités par l'exercice (ainsi font parfois les avocats).

• Le plaidoyer a été bâti de la manière la plus vraisemblable possible. Mais nous sommes ici dans l'irréel du passé. Il s'agit de défendre un homme qui n'a pas été défendu.

Olivier Orban a constaté que la lecture de la plaidoirie nécessitait une connaissance approfondie de l'histoire de Galilée, au risque d'en perdre le sens. Nous avons donc décidé en commun de « situer » le procès de Galilée.

Nous l'avons fait de deux manières.

• En amont, en écrivant une longue introduction appelée *Circonstances.*

• En aval, en donnant accès à quelques documents originaux : la condamnation de Galilée ; son abjuration ; et enfin le discours du pape Jean Paul II, en 1992, que je trouve particulièrement intéressant.

J'y ai ajouté une chronologie et une bibliographie, succinctes l'une et l'autre, pour permettre à la fois de nous situer plus près de l'Histoire, et d'aller plus loin.

Circonstances

Au cours du temps, Galilée est devenu le symbole du héros scientifique, défenseur de la vérité, artisan majeur des progrès de la connaissance, chantre du credo rationaliste, injustement condamné par une Eglise catholique inculte, arriérée, obscurantiste et dominatrice.

La réalité est beaucoup moins limpide, même si Galilée fut un très grand scientifique et si l'Eglise de ce temps-là était véritablement dictatoriale.

Pour bien situer ce qui fut un drame humain plus que scientifique — car la science a finalement peu souffert de l'épisode — il faut avoir à l'esprit quelques faits historiques de référence.

D'abord l'époque où vivait Galilée.

Contrairement à ce que l'on croit trop souvent, il ne vivait pas au Moyen Age. Il vivait au XVIIe siècle. Il naquit en 1564, la même année que Shakespeare. Il y avait belle lurette que la Renaissance italienne était terminée et que Laurent le Magnifique n'éclairait plus Florence de son génie politique, ni de son mécénat artistique. L'humanisme de Pétrarque ou de Lorenzo Valla paraissait déjà loin. L'imprimerie constituait une pratique courante. On était de plain-pied dans la « Galaxie Gutenberg ».

En France, régnaient Henri IV, puis Louis XIII, avec l'aide de Richelieu. Galilée n'était pas le génie isolé dans le désert intellectuel d'un obscurantisme moyenâgeux. Les contemporains de Galilée s'appellent Johannes Kepler, René Descartes, Baruch Spinoza, Francis Bacon, Blaise Pascal, William Shakespeare, Miguel Cervantès. Pour fixer ce cadre de manière plus précise, pour ceux qui s'intéressent à l'histoire des sciences — Galilée meurt en 1642, l'année de la naissance de Newton, qui sera son grand continuateur.

La vie de Galilée se situe dans une période très particulière de l'histoire des religions, celle de la lutte acharnée que se livrent la religion réformée, qui progresse à grand pas, et l'Eglise catholique, qui défend ses thèses, mais aussi son influence et plus encore ses biens matériels.

Deux événements ont marqué l'ouverture des hostilités.

La naissance de la Réforme, bien sûr, qu'on situe généralement en 1520, date de l'excommunication de Luther, mais dont le développement intense et la large propagation débutent vraiment avec la *Confession d'Augsbourg*, en 1530, publiée par le disciple de Luther, Melanchthon, puis, en 1536-1541, par la publication des ouvrages de Calvin à Genève.

La religion que, depuis 1530, on appelle « protestante » se répand très vite en Europe grâce aux princes chefs d'Etat qui, lorsqu'ils se convertissent, confisquent en même temps les biens de l'Eglise et s'enrichissent ainsi à peu de frais. L'Allemagne et l'Europe du Nord sont les premières touchées, mais après Calvin la Suisse et le sud de la France le sont à leur tour.

Il est temps pour l'Eglise catholique de réagir. Elle annonce une Contre-Réforme. Son acte fondateur est le concile de Trente, qui s'ouvre en 1545 et ne se termine qu'en 1564. Il établit ce qu'on appelle la *profession de foi tridentique*, sorte de réponse à Luther et à ses critiques. Cette déclaration marque, pour ce qui nous concerne, le triomphe des thèses du plus grand des théologiens médiévaux, Thomas d'Aquin : « Chercher à comprendre les lois de la Nature, c'est chercher à comprendre l'œuvre de Dieu. » C'est donc la justification, la légitimation de la recherche scientifique. Il établit le savoir comme un élément complémentaire de la foi. Il établit le savoir comme un élément complémentaire de la foi.

En même temps, le concile établit Aristote comme la référence scientifique universelle. Et, d'un autre côté, ce concile de Trente affirme qu'en toute chose, y compris dans le domaine scientifique, c'est l'Eglise et l'Eglise seule qui est habilitée à dire ce qui est vrai.

C'est à partir de cette déclaration que le pape Paul III ranime deux bureaucraties répressives, l'Index, qui décide des livres qui doivent être interdits et brûlés, et l'Inquisition, qui existe depuis trois siècles déjà, mais de manière épisodique. Elle est réorganisée, structurée et centralisée à Rome même.

Elle est confiée aux Dominicains, dont la rigueur et l'utilisation zélée du bûcher purificateur ont depuis longtemps déjà fait leurs preuves, surtout en Espagne et dans le sud de la France. C'est aussi dans ce contexte de Contre-Réforme que naît, sous l'impulsion d'Ignace de Loyola, la Compagnie de Jésus, autrement dit les Jésuites.

Par opposition aux Dominicains qui, pour propager la foi catholique, veulent contraindre, les Jésuites veulent convaincre. Leur devise est : « La foi par le savoir et par l'éducation ». Ils se veulent ouverts et généreux. Le meilleur exemple de cet aspect nouveau est l'attitude d'Ignace de Loyola vis-à-vis des Juifs. Alors qu'ils sont persécutés par le clergé séculier d'Espagne, même après conversion, les Jésuites, eux, les accueillent avec un argument imparable : « Comment refuser les compatriotes du Christ ? » Le troisième général des Jésuites sera même juif !

Les Jésuites vont jouer un rôle déterminant dans l'affaire Galilée.

Ils sont, dès leur origine, tournés vers le savoir et la recherche des progrès de la connaissance. Il n'est donc pas étonnant qu'ils créent, entre 1541 et 1551, à Rome, le Collège romain.

Ignace de Loyola veut que cette « université jésuite », c'est ainsi qu'il l'appelle, soit le modèle du modernisme éducatif en Europe. Il souhaite en faire une combinaison entre le Collège des lecteurs royaux à Paris (l'ancêtre de notre Collège de France) et les universités de Bologne et de Cambridge, avec un enseignement irréprochable en théologie, mais aussi en mathématiques, en philosophie naturelle et en astronomie. Pour éviter le mandarinat, les titulaires de cours changent tous les trois ans (une mesure qui aujourd'hui serait révolutionnaire dans bien des universités françaises, et attirerait des ennuis persistants à un ministre de l'Education nationale qui chercherait à l'imposer).

Galilée, jeune intellectuel très croyant, bientôt jeune professeur, est fasciné par ce Collège romain. Il en devient rapidement le familier et noue des relations scientifiques étroites avec divers professeurs, en particulier avec le plus prestigieux d'entre eux, Christophe Clavius. Cette amitié de Galilée avec les Jésuites va durer près de quinze années. On s'échange des cours, on correspond, on se rend visite. En 1611 le Collège romain décernera même à Galilée son premier diplôme de docteur *honoris causa*.

Cette longue amitié avec les Jésuites est un élément essentiel lorsqu'on sait que, quinze ans plus tard, c'est au terme d'une dispute âpre et sans concession que ces mêmes Jésuites le traîneront devant le tribunal de l'Inquisition.

*

La carrière scientifique de Galilée peut être grossièrement divisée en deux parties : l'épisode vénitien et l'épisode florentin. L'un est glorieux, l'autre tumultueux.

A Padoue, qui dépend de l'université de Venise et où il reste dix-huit ans, Galilée fait de la physique. Ses succès seront extraordinaires et, en conséquence, l'opposition principale qu'il va rencontrer sera celle des « chers collègues ». Il sera en revanche soutenu par les Jésuites.

A Florence, où Galilée restera vingt-trois ans, il fera de l'astronomie, défendra la théorie de Copernic et entrera en conflit avec l'Eglise et, aussi, petit à petit, avec les Jésuites. Les collègues continuant à pratiquer la « sollicitude » universitaire !

Suivons brièvement le déroulement de cette carrière exceptionnelle.

Bien que Toscan et n'ayant pas obtenu son diplôme à Pise, cette université va le recruter très jeune comme professeur de mathématiques. Mais il n'y reste pas longtemps et accepte l'offre, en 1592, de l'Université de Padoue, c'est-à-dire de la république sérénissime de Venise.

Il va y rester de 1592 à 1610. Dix-huit années.

C'est au cours de cette période qu'il fera ses plus grandes découvertes en physique, celles qui font de lui le fondateur de la science moderne. Combinant des expériences précises et quantifiées avec une réflexion théorique appuyée sur les mathématiques, il fonde en effet le fameux diptyque expérience-théorie, base de la démarche scientifique moderne.

Il établit les lois de la chute des corps et notamment le fait que, dans le vide, cette dernière ne dépend pas de la masse (il démontre la réalité du phénomène par des expériences dans l'air, bien sûr, puisqu'il ne sait pas faire le vide) et cela suffit à provoquer la critique de ses collègues métaphysiciens. Ils ne comprennent pas ce qu'est en physique une approximation fructueuse, c'est-à-dire comment on distingue le fondamental de l'accessoire.

Galilée met en évidence le mouvement uniformément accéléré, grâce à des expériences géniales dans lesquelles il ralentit le mouvement par l'usage de plans inclinés, ce qui lui permet une mesure précise du temps ; il comprend le principe de la relativité des mouvements, qu'exploitera et prolongera plus tard Einstein, il remet à l'honneur en les prolongeant les travaux d'Archimède sur les « corps flottants », sans compter les travaux sur l'optique et sur les oscillations du pendule, et il écrit un traité sur la manière de construire les fortifications, traité qui résulta d'un célèbre cours donné par Galilée à l'université et qui attirait les jeunes princes d'Europe comme Philippe de Hesse, ou plus tard Cosme II de Médicis, que nous allons bientôt retrouver.

C'est la grande période de Galilée physicien. Cinquante ans plus tard Newton exploitera intensément, et plus profondément, ce qu'a fait Galilée. Il le reconnaîtra sans ambages.

Archimède-Galilée-Newton-Einstein : la lignée d'or de la physique.

*

Galilée, donc, effectue tout ce travail lors de son séjour à Padoue. Il faut souligner que ces dix-huit années de réussite scientifique ont été aussi dix-huit années d'une ascension sociale, et pourrait-on dire médiatique, extraordinaire.

Lorsqu'il débute comme professeur à Padoue, son salaire est de soixante florins par mois. Celui d'un capitaine des gardes est de plus de mille florins, celui d'un professeur de théologie moyen, de deux cents. Lorsqu'il quitte Padoue en 1610, son salaire dépasse les mille deux cents florins !

Entre-temps, il est devenu l'ami du doge Leonardo Donato, dont il est le conseiller, et aussi celui de toute la haute bourgeoisie vénitienne. Il est « installé ». Il entretient une liaison publique avec une ravissante jeune femme, Maria Gamba, avec qui il aura trois enfants, Virginia, Livia et Vincenzo. Il ne l'épouse pas parce que la tradition est que les clercs et professeurs restent célibataires, et d'autre part parce qu'elle est une roturière vénitienne et lui un patricien toscan. A cette époque, on ne mêle pas torchons et serviettes. Quelle est l'origine réelle d'une roturière de cette ville de perdition qu'est Venise, que fréquentent même les Turcs ?

Epouser un patricien florentin ? Impossible.

Outre sa fonction de professeur, il exerce une activité que l'on pourrait appeler de consultant industriel. Il invente des instruments qu'il vend généralement aux militaires, et cela de manière très astucieuse. Ainsi, il conçoit un petit instrument en cuivre qui permet le calcul d'un grand nombre de distances, de racines carrées, etc., qu'il appelle le « compas géométrique et militaire ». Il fabrique l'instrument chez lui, avec l'aide d'un artisan qu'il héberge. Il le vend, mais à un prix modique (soixante florins). En revanche, tout acheteur doit venir chez lui faire un stage de quinze jours pour apprendre à l'utiliser, et ce stage lui est facturé deux cent cinquante florins. On peut dire que Galilée avait compris la distinction entre *hardware* et *software* et que, bien avant Bill Gates, il avait su l'exploiter.

Cette activité technologique, qui l'amène à s'intéresser à la manière de monter l'eau pour arroser les jardins, à calculer l'orientation des affûts de canon pour atteindre la cible voulue, à dessiner des quilles de bateau ou des créneaux de fortifications, l'a, comme on s'en doute, rendu si ce n'est riche, tout au moins aisé, et lui a assuré des relations avec tout ce qui compte à Venise dans le monde politique, militaire et commercial. Invité à de nombreux dîners en ville, où il montre son goût pour les vins de qualité, il y brille de feux très vifs. Brillant orateur, débatteur sarcastique, plein d'humour, il explique la science comme personne et devient un personnage important, dont on parle — et pas seulement à Venise. Outre les nobles vénitiens et ceux des villes environnantes, il fréquente beaucoup les ecclésiastiques, fait la connaissance de nombreux cardinaux, qu'il instruit et enchante. Bref, c'est un homme de savoir, mais aussi une personnalité très populaire dans la haute société, comme auprès de ses étudiants et de ses disciples qui sont fascinés par son savoir, sa disponibilité, sa drôlerie et sa gentillesse. De l'autre côté, il est évidemment haï par la grande majorité de ses collègues universitaires, qui sont jaloux et qu'en retour il ne ménage guère.

Les métaphysiciens détestent son recours à l'expérimentation (ça n'a guère changé aujourd'hui), les théologiens ne supportent pas qu'il bouscule le savoir d'Aristote, héros du concile de Trente, ses collègues philosophes de la nature jalousent ses succès et sa popularité. Il n'y a guère que les médecins de Padoue, qui eux aussi dissèquent et expérimentent plus ou moins clandestinement, pour l'aimer et le soutenir [1].

Il y a plus : ses travaux sur la chute des corps mettent en cause la physique d'Aristote, sanctifié ou presque par le concile de Trente, Aristote qui est la base de tout enseignement scientifique à l'Université (alors que deux siècles auparavant il était interdit ! Souvenons-nous du roman *Le Nom de la rose*, d'Umberto Ecco), Aristote dont l'Université de Padoue est le propagandiste le plus zélé, avec notamment le professeur Cesare Cremonini.

La remise en cause de la physique d'Aristote par Galilée irrite aussi nombre d'ecclésiastiques. Pourtant ils ne connaissent rien de la science et la comprennent encore moins. Ce qu'il faut noter c'est qu'il y a, dès cette époque, des opposants à Galilée, et que ces opposants sont un mélange de collègues et d'ecclésiastiques rigides. Mais les Jésuites le soutiennent.

Et comme il est aussi devenu l'ami du doge, cela « inhibe » et paralyse bien des critiques.

1. Car ils sont eux aussi critiqués comme de dangereux révolutionnaires. La dissection était alors réservée aux Arabes et aux Juifs. C'est pourquoi les rois de France se faisaient soigner en secret par des médecins juifs.

*

Dès cette époque, on peut également dire que Galilée a une double personnalité.

D'un côté, il est un scientifique passionné, qui a abandonné les études de médecine parce que la physique et les mathématiques le fascinent, mais aussi parce qu'il veut connaître les lois fondamentales et se rapprocher de Dieu. Car Galilée est croyant, un croyant sans état d'âme, sans aucun penchant pour la Réforme, mais un croyant qui confond sa vocation scientifique et son amour de Dieu. (Einstein dira bien plus tard, pour expliquer sa propre motivation scientifique : « Je veux connaître la pensée de Dieu, tout le reste n'est que détail. »)

D'un autre côté, Galilée est aussi une personnalité de la société vénitienne dans laquelle il joue un rôle essentiel, tant du point de vue technique que du point de vue intellectuel.

Ces deux aspects, qui sont évidemment liés, lui assurent un rayonnement exceptionnel. Sa célébrité s'étend d'ailleurs désormais sur toute l'Italie et même au-delà.

En l'année 1600 se produit un événement capital pour la communauté intellectuelle italienne. Le dominicain Giordano Bruno est brûlé en place publique à Rome. Bruno est un intellectuel d'une qualité rare. Il a été professeur en Italie, en France au Collège de France, où il est le protégé d'Henri II, en Angleterre à Oxford, où il est celui de la reine Elizabeth, à Padoue, où il croise Galilée en 1598.

Bruno est accusé de propager des idées hérétiques. Il défend le système de Copernic, la relativité des mouvements, l'existence des atomes, il prétend que le ciel est infini (pourquoi limiter le royaume de Dieu ?), etc. Il refuse d'abjurer et il est brûlé en place publique à Rome le 16 juillet 1600 (il ne sera jamais réhabilité, même aujourd'hui). Sa condamnation va peser lourd sur tous les esprits intellectuels du temps. Elle n'est pas étrangère à l'attitude de Galilée, faite d'abord de prudence, puis de peur, enfin de soumission.

C'est peu après la mort de Bruno que Galilée construit sa lunette (en 1609). Il n'en a pas inventé le principe puisque les lunetiers d'Amsterdam ou de Paris en vendent depuis deux ans déjà, mais il l'a développée au point de rendre l'objet méconnaissable. La lunette « ordinaire » grossissait de deux à trois fois. La première lunette de Galilée grossit vingt fois, puis elle atteindra un facteur de multiplication de trente et cinquante. Or, ce grossissement est essentiel si l'on veut faire de l'astronomie. Bertolt Brecht est dans l'erreur lorsqu'il accuse Galilée, dans sa pièce, d'être carrément un escroc et de vendre à la république de Venise une lunette qu'on peut acheter à bas prix en Flandre. Entre la lunette d'Amsterdam et celle de Galilée, il y a la même différence qu'entre une lessiveuse et une machine à laver le linge !

L'intérêt de Galilée pour la lunette est au départ essentiellement financier. Il comprend tout l'intérêt de pouvoir observer loin, que l'on soit marin ou militaire. Il sait qu'avec la collaboration des verriers de Murano, avec lesquels il travaille depuis longtemps pour couler les lentilles, il peut fabriquer un instrument d'optique mieux que quiconque.

Son projet est de construire des lunettes exceptionnelles puis de les vendre aux militaires.

Dès qu'il a fini sa première lunette et qu'il l'a réglée en observant au loin des objets qu'il connaît bien, comme le toit de l'église Sainte-Justine à Padoue, il la tourne vers le ciel, et là il découvre rapidement des choses extraordinaires.

D'abord une multitude d'étoiles, beaucoup plus que ce qu'on voit à l'œil nu (il se dit que peut-être Bruno, avec son ciel infini, avait raison), puis il observe la Lune et il constate l'existence de reliefs, de montagnes et de vallées. Surtout, tournant sa lunette vers Jupiter, il voit quatre satellites qui tournent autour de la grosse planète de manière régulière.

Quelque temps plus tard, il dirige sa lunette vers Vénus et constate qu'elle est éclairée et qu'elle présente divers quartiers, comme la Lune.

Devant cette moisson de résultats exceptionnels, que personne n'avait soupçonnés avant lui, Galilée va agir dans trois directions.

D'abord, et cela peut paraître curieux, il décide de populariser, de vulgariser ses découvertes. Il commence par organiser des soirées astronomiques, tantôt sur le campanile de Venise, tantôt sur sa terrasse à Padoue ou sur celle d'un ami vénitien. Tout le monde y accourt, le doge et les nobles vénitiens bien sûr, mais aussi les sénateurs, les universitaires de toute l'Italie, et puis des jésuites, des prélats, les cardinaux eux-mêmes.

Le cardinal Bellarmin, personnage central dans toute l'histoire de Galilée, participe à une de ses soirées. Il est subjugué. Christophe Clavius, l'ami de Galilée, l'« Euclide du siècle » comme on le surnomme, professeur au Collège romain, vient observer lui aussi le ciel. Il commande immédiatement à Galilée une lunette pour le Collège.

Comme on s'en doute, cette extraordinaire campagne publicitaire accroît la réputation de Galilée dans toute l'Italie, d'autant plus qu'il a l'intelligence de faire don de sa lunette à la république de Venise. Le doge Donato, ravi, le fait savoir. Venise est un port. Voir les bateaux amis ou ennemis trois heures avant leur arrivée offre des possibilités militaires — et commerciales — insoupçonnées. La réputation de la lunette et de Galilée se répand dans toute l'Europe, et même jusqu'à Constantinople.

Cependant, ce succès ne va pas sans provoquer jalousies et contestation, d'abord chez ses collègues de l'université de Padoue.

Ceux-là même qui avaient critiqué la méthode expérimentale en physique contestent maintenant l'emploi de la lunette. Est-elle fiable ? Tout ce que l'on voit, n'est-ce pas de pures images artificielles ? Les métaphysiciens s'en donnent à cœur joie. Une lunette déforme les sens : ce n'est donc pas un instrument scientifiquement acceptable [1], affirment-ils.

Galilée continue ses observations malgré les critiques. Il se défend, il attaque à son tour, débat, polémique avec son brio habituel. Il décide de publier un ouvrage pour résumer ses observations. Ce sera *Le Messager céleste*, le premier livre d'astronomie moderne.

*

C'est à ce moment que se situe le grand tournant dans la vie de Galilée, qui va, indirectement, le rendre immortel dans la mémoire des hommes. Je veux parler de son engagement public à défendre la théorie de Copernic, suivant laquelle c'est la Terre qui tourne autour du Soleil et non l'inverse. C'est ce sujet-là qui lui vaudra l'hostilité grandissante de l'Eglise et finalement sera le motif de son procès.

Faisons un peu d'histoire.

A l'époque des Grecs la croyance la plus commune était que le Soleil tournait autour de la Terre. « Il se lève à l'est et se couche à l'ouest. » Cela se voit, tous les jours !

Pythagore puis Platon s'étaient interrogés sur la réalité du phénomène, mais leurs scrupules avaient été balayés, notamment par Aristote, qui avait clai-

1. Chose curieuse, le même argument sera développé par les positivistes, Auguste Comte, Ernest Renan et leurs disciples, à la fin du XIXe siècle, pour refuser l'emploi de la lunette en astronomie et du microscope en biologie !

rement établi que la Terre est fixe au centre du monde et que le Soleil tourne autour. Deux siècles plus tard, vers 250 av. J.-C., alors que le centre intellectuel du monde était Alexandrie, Aristarque de Samos proposa de placer au centre du monde le Soleil et de faire tourner les planètes autour. Accusé publiquement de sacrilège et d'insultes aux dieux, il fut conduit à quitter Alexandrie et à disparaître on ne sait où.

A Alexandrie toujours, quelques années plus tard, Claude Ptolémée développa avec infiniment plus de rigueur le système d'Aristote. Il montra qu'en plaçant la Terre au centre du monde on pouvait établir des éphémérides d'une extrême précision. A partir de ses observations, il construisit en effet un système très précis, mais très complexe, faisant tourner le Soleil et les planètes suivant des trajectoires compliquées, bien que définies très clairement par un mouvement de roues.

Ce système de Ptolémée était si méticuleux, si précis, qu'il traversa les siècles sans encombre. Il fut adopté par toutes les religions monothéistes, car il avait l'avantage de placer la Terre, donc l'homme, produit le plus achevé de Dieu, au centre de l'univers.

Tout avait été construit pour l'homme, autour de l'homme. Cohérence parfaite de l'anthropocentrisme.

Ce n'est qu'au XVIe siècle (mille sept cents ans après Ptolémée) que ce système est remis en cause.

Un obscur moine polonais, Nicolas Copernic, place le Soleil au centre du monde, fait tourner les planètes, y compris la Terre, autour du Soleil, et fait tourner la Terre sur elle-même pour expliquer la succession des jours et des nuits.

Ecclésiastique prudent, il ne laisse publier son œuvre, *De revolutionibus*, qu'après sa mort, en 1545.

Son ouvrage est compliqué, difficile à lire et n'attire d'abord aucune attention de l'Eglise catholique. A l'inverse, Luther et Calvin condamnent Copernic avec une extrême violence et vont jusqu'à le traiter de « fou ».

Ce n'est qu'à la fin du siècle que le jésuite Christophe Clavius, toujours lui, lisant l'ouvrage avec attention, le déclarera inacceptable, car contraire aux Ecritures et notamment au passage de la Bible où Josué, s'adressant à Dieu, dit : « Arrête le Soleil sur Ganaon et la Lune sur Ayalon — et Dieu arrêta le Soleil et la Lune. »

Si Dieu arrêtait le Soleil, il était donc en mouvement.

Et la Bible ne pouvait pas se tromper.

*

Tout cela était connu des lettrés de l'époque, et notamment des deux grands savants qui vont fonder l'astronomie moderne, Kepler et Galilée.

Galilée est le fondateur de l'observation, grâce aux téléscopes, Kepler le fondateur de l'astronomie théorique. Nous avons parlé de Galilée. Situons un peu Kepler.

A la fin du XVIe siècle vivait au Danemark un extraordinaire personnage du nom de Tycho Brahé. Son enthousiasme à observer le ciel et son ambition à le comprendre avaient si bien convaincu le roi de Danemark, Christian, que ce dernier avait aménagé une île consacrée à l'observation astronomique : Uranibourg, île sur laquelle régnait Tycho Brahé, entouré d'instruments d'observation qu'il inventait et de disciples qu'il menait de manière totalement dictatoriale.

Il faisait toutes ses observations à l'œil nu et avait établi le catalogue le plus complet d'observations célestes précises jamais réalisé — certaines figurent encore dans les catalogues astronomiques actuels.

Le roi Christian meurt. Tycho quitte le Danemark, où il s'est fait beaucoup trop d'ennemis, et s'installe à Prague. L'empereur Rodolphe le nomme Astronome impérial. Il continue ses observations astronomiques d'où, petit à petit, émerge un nouveau système d'explication de l'univers. Dans son système, Tycho fait tourner toutes les planètes autour du Soleil, sauf la Terre. Puis il fait tourner le Soleil autour de la Terre. C'est une sorte de compromis entre Ptolémée et Copernic, qui a l'énorme avantage de ne pas contredire les Ecritures.

Une seule chose trouble Tycho : le mouvement de Mars qui, vu de la Terre, suit une trajectoire compliquée. Pour comprendre ce mouvement il embauche un jeune mathématicien qu'on dit très brillant, et qui est protestant, Johannes Kepler, avec pour unique mission de travailler sur la planète Mars et d'en comprendre le mouvement.

Mais Kepler a sa propre vision, forgée après des années de réflexion et de calculs. Kepler est persuadé que la théorie de Tycho n'est pas logique et que le seul système viable est celui de Copernic. Avant que la dispute entre le maître et le disciple ne prenne une tournure fâcheuse, Tycho Brahé meurt, laissant à Kepler sa succession auprès de l'empereur Rodolphe, mais aussi plusieurs milliers d'observations, d'une valeur inestimable.

A partir de là, Kepler va construire sa véritable explication du système solaire. Pour cela, il ose sortir d'une croyance quasi mythique (et qui restera celle de Galilée) selon laquelle les mouvements doivent se faire sur des cercles. Il installe l'ellipse comme trajectoire des planètes et construit un système rigoureux qui obéit à un certain nombre de règles simples, qu'on appellera plus tard lois de Kepler. Newton en démontrera mathématiquement la justesse.

Galilée et Kepler se connaissent très bien, bien qu'ils ne se soient jamais rencontrés : ils ont échangé des lettres durant toute leur vie. Lorsque Kepler publie son livre fondamental en 1609, *L'Astronomie nouvelle*, il l'envoie à Galilée avec une dédicace élogieuse.

Galilée, comme il l'avait fait auparavant, ne répond même pas, feignant l'indifférence. Vers les années 1620-1625, il se montre enfin moins méprisant, mais c'est un peu tard... Malheureusement, Kepler meurt en 1630. Il est sans doute regrettable que ces deux génies n'aient pu travailler ensemble, mais ces regrets sont fréquents en science.

*

Quand Galilée a-t-il véritablement commencé à défendre le système de Copernic ?

Dès son enseignement à Pise et plus encore à Padoue, il enseigne à la fois le système de Ptolémée et celui de Copernic. Mais sans prendre parti. Bien que, comme l'établit une lettre envoyée à Kepler en 1594, il pense depuis toujours que l'explication de Copernic est la bonne, mais il ne le dit pas publiquement. Il incite même ses disciples à être prudents sur le sujet, leur indiquant qu'il y a là un conflit potentiel avec l'Eglise et que, dans ce bas monde, pratiquer la science demande de maintenir de bonnes relations avec l'Eglise comme avec les princes.

Quand a-t-il véritablement décidé de franchir le pas et de dire ouvertement ce qu'il pensait ?

On peut situer ce changement d'attitude après ses découvertes astronomiques, faites grâce à la lunette, c'est-à-dire à partir de 1610. Trois données doivent à mon avis être prises en considération : d'abord ses découvertes sur les satellites de Jupiter, petits objets célestes tournant autour de la grosse planète. Cela est cohérent avec l'idée que les petits corps tournent autour des gros, les satellites autour de la grosse planète Jupiter, les planètes autour du gros Soleil. La seconde est la lecture du livre de Kepler, *L'Astronomie nouvelle*. Car, contrairement à ce qu'il affirme autour de lui, je suis persuadé qu'il l'a lu.

Galilée y découvre une véritable « démonstration » du système de Copernic, avec notamment l'explication détaillée des mouvements de la planète Mars. Certes, Galilée n'aime pas les ellipses et s'attache aux cercles comme orbites des planètes. Certes, il prétendra « n'avoir pas besoin d'un Allemand pour démontrer le système de Copernic ». Pourtant, le fait me paraît incontestable : la lecture de Kepler a totalement convaincu Galilée que Copernic avait raison.

Enfin, et ce n'est pas la moindre des choses, Galilée pense que par son prestige, ses contacts étroits avec les Jésuites, avec les cardinaux, par sa verve et son rayonnement, il est désormais capable de convaincre l'Eglise et de la faire changer d'avis. Ce qui, estime-t-il, sera bénéfique pour elle.

*

A ce moment, il commet une lourde faute stratégique, qui, avec le temps, apparaît comme franchement catastrophique. Bien que le doge de Venise lui ait attribué un salaire royal à vie, bien qu'il l'ait nommé professeur à vie à Padoue, Galilée décide de quitter la ville pour Florence. Il devient mathématicien et philosophe du grand-duc de Toscane Cosme II, avec qui il s'est lié d'amitié lorsque ce dernier était venu étudier chez lui en tant que stagiaire.

Un poste prestigieux dans sa Toscane natale, auprès d'un grand prince, dans la capitale intellectuelle de l'Italie : il ne résiste pas, il abandonne Padoue, ses disciples, sa compagne (qu'il marie à un ami pour qu'elle continue à s'occuper de leur fils encore enfant), et il s'installe à Florence.

Ce transfert du printemps 1610 se révèle bientôt une grave erreur.

D'abord pour sa santé, fragile depuis sa jeunesse. Galilée pensait que l'air de Florence serait meilleur que l'air marin de Venise. Il se révèle bien pire, car Florence est dès cette époque une ville très polluée par des feux de diverses origines. Il doit louer une villa sur les hauteurs pour échapper à des crises d'asthme.

Bien pire surtout pour son « exposition » aux tracasseries de l'Eglise. Florence, en 1610, est devenue un repaire de religieux. Un Florentin sur huit est ecclésiastique. Ils sont abrités dans cinquante-trois couvents et vingt-sept monastères. C'est une des places fortes de l'Inquisition (alors qu'elle est interdite dans le périmètre de la république de Venise). La famille de Médicis est plus que religieuse, les dominicains y prêchent le combat contre les hérésies — toutes les hérésies, réelles ou imaginaires — en toutes occasions.

Certains ajoutent que ce titre de mathématicien et philosophe du grand-duc de Toscane éblouit Galilée, et qu'il devint de ce fait insupportable. Son orgueil franchissait une nouvelle étape.

De fait, dès que Galilée arrive à Florence, dès qu'il se montre à l'université de Pise où le grand-duc l'a nommé professeur extraordinaire à vie, il suscite une hostilité organisée par les collègues — Ludovic de la Colombe sera le plus actif —, mais aussi par les prêtres.

En complet contraste avec cet accueil tiède, Galilée jubile, lui qui a déjà commencé à défendre le système de Copernic. Il amplifie sa croisade et, au mépris des critiques, devient de plus en plus péremptoire. Il parle, écrit, pérore, plastronne.

Il n'en fallait pas tant pour mobiliser une escouade de dominicains toujours à l'affût de l'hérésie. Le complot se trame. On accuse Galilée de développer une nouvelle hérésie fondée sur l'observation du ciel et qu'il voudrait appeler science. Galilée néglige et méprise l'offensive, mais, lorsqu'on s'en prend à la fiabilité de sa lunette, il s'énerve et demande au Collège romain de le défendre publiquement.

Le Collège prend position sans ambages pour Galilée, pour ses observations astronomiques, pour la qualité de la lunette astronomique. Invité au Collège en 1611, Galilée y fait une démonstration d'observation astronomique à laquelle participent Clavius et de nombreux cardinaux, dont Roberto Bellarmin. Mais, s'ils admirent les performances de la lunette, tous ces ecclésiastiques se gardent bien de prendre position sur le système de Copernic.

Pour bien montrer leur soutien à Galilée, le Collège romain lui décerne, comme on l'a dit, leur premier titre de docteur *honoris causa*. La même semaine, il est élu membre de l'Académie des Lynx (autrement dite des yeux perçants, l'actuelle Académie nationale italienne) et il est reçu par le pape, qui l'appelle en public « mon fils ». A cette occasion, il fait la connaissance d'un jeune cardinal, Toscan comme lui, Maffeo Barberini, futur Urbain VIII.

C'est donc, lorsque Galilée rentre à Florence, un retour triomphal. Du moins dans sa tête et pour ses amis. Les traces de complot semblent envolées, évaporées. Quelques semaines après son retour, au cours d'un dîner chez son ami Salviati, il retrouve le cardinal Maffeo Barberini qu'il séduit par sa verve, sa clarté d'exposition et son sens de la formule. Ils deviennent amis.

Pourtant, les adversaires n'ont pas désarmé et les attaques reprennent vite de plus belle. Galilée, de plus en plus agacé, y répond par deux lettres, l'une adressée à son ami Castelli, l'autre à la grande-duchesse Christine de Lorraine, mère de Cosme II. Ces deux lettres sont rapidement connues de tous.

Galilée y développe l'explication de la théorie de Copernic sous un jour très favorable, mais, plus encore, il montre que les objections théologiques n'existent pas si l'on veut bien accepter d'interpréter la Bible de manière allégorique. Ce qu'il fait.

Loin d'éteindre la polémique ces deux lettres vont l'attiser. Un dossier est transmis à l'Inquisition (à sa section de Florence d'abord, à Rome ensuite). Les tracasseries sérieuses commencent.

*

On a parfois coutume de dire qu'il y eut deux procès Galilée, l'un en 1616, l'autre en 1633.

En fait, officiellement, il n'y en eut qu'un seul. L'épisode de 1616 est une tentative, de la part de l'Eglise catholique, pour prendre une position claire et officielle vis-à-vis du système de Copernic. Pour cela, elle ouvre une session du Sacré Collège consacrée aux déviances et à l'examen des systèmes proposés pour expliquer l'univers.

Alors que personne ne le lui demande, Galilée se précipite à Rome, malgré les recommandations de prudence venues de toutes parts, pour, dit-il, expliquer la théorie de Copernic que personne ne connaît vraiment. Il veut éviter, dit-il, que le Sacré Collège délibère sans être très précisément informé. Il multiplie rencontres mondaines et confrontations et, dans chaque cas, il défend sans nuances le système de Copernic : logique, élégant, convaincant, dit-il.

Le cardinal Roberto Bellarmin le rencontre et lui précise la position de l'Eglise : « Vous pouvez utiliser la théorie de Copernic comme un outil de travail, une hypothèse, une commodité, lui dit-il, du moment que vous ne déclarez pas qu'elle est la vérité. Si ce n'est pas vérité, ce n'est pas péché ! »

L'Eglise a pris cette position, dit Bellarmin, parce que la théorie de Copernic n'est pas démontrée. S'il advenait que des observations astronomiques nouvelles prouvent sa véracité, alors l'Eglise se réunirait pour examiner sa position et éventuellement la modifier. En attendant, ce n'est pas le cas. « Tenez-vous-en à l'hypothèse. »

Après de longues discussions, le Sacré Collège rendit son verdict : mise à l'Index du livre de Copernic et interdiction à quiconque d'enseigner cette théorie comme une vérité. Grâce à une activité interne des Jésuites, au premier rang desquels militait Roberto Bellarmin, Galilée ne fut ni interrogé, ni mentionné, ni condamné. Ce procès n'était pas le sien !

D'une manière surprenante, il en fut furieux.

Il aurait voulu être un personnage central du « procès », persuadé qu'il aurait convaincu le Sacré Collège de la supériorité du système de Copernic. Il accusa les Jésuites d'avoir étouffé l'affaire et de l'avoir soi-disant protégé pour se mettre, eux, en valeur, pour le placer en position de débiteur à leur égard. L'orgueil du bonhomme n'est pas mince, il est vrai. Il est furieux, il tempête. D'autant plus qu'une rumeur se répand à Rome suivant laquelle Galilée aurait abjuré et reçu l'injonction de ne plus jamais parler de la théorie de Copernic.

Galilée fait alors appel à Roberto Bellarmin pour le laver de ce qu'il considère comme une injure.

« Moi ? Abjurer ? Jamais. »

Pourquoi s'adresse-t-il à Bellarmin ?

Disons quelques mots de ce cardinal dont nous avons cité le nom à plusieurs reprises.

*

Roberto Bellarmin paraît être le personnage central de l'Eglise catholique romaine, de 1590 à la date de sa mort en 1621, soit pendant trente années. Jésuite depuis 1560, ancien élève du Collège romain, c'est un lettré cultivé, ami des arts et des sciences. Il a été directeur du Collège romain de 1592 à 1595 et y a imprimé sa marque. Il restera ensuite pour le Collège une sorte de « parrain » auquel on se référera constamment. Promu cardinal en 1599, il devient rapidement une des personnalités les plus en vue et les plus respectées du Sacré Collège.

Il s'y forge une réputation de théologien de premier ordre, si bien qu'on l'appelle bientôt le « marteau des hérétiques ». Il a présidé sans plaisir le tribunal de l'Inquisition qui, en 1600, a condamné le dominicain Giordano Bruno à être brûlé. Le procès ne lui a pas plu.

Ses goûts scientifiques sont assez sûrs. Il a compris avant d'autres que les théories d'Aristote sont quelque peu dépassées.

Il est séduit lui aussi par Galilée. Certes, le foisonnement intellectuel du personnage l'inquiétera parfois, mais il le protégera toujours et, sans nul doute, sa disparition en 1621 privera Galilée d'un précieux protecteur.

Pour en revenir à l'épisode de 1616, le cardinal Bellarmin reçoit le savant dans son palais et lui remet une lettre affirmant clairement qu'il n'a pas abjuré et donc que son honneur est sauf. La lettre en poche, l'honneur lavé, Galilée rentre à Florence.

Il est à ce moment au sommet de sa gloire et d'autant plus insupportable. La période qui suivra sera marquée par des polémiques avec les Jésuites, qui iront crescendo. D'abord il poursuit une polémique engagée en 1612 sur les taches scolaires, puis il en engage une autre en 1619 sur l'origine des comètes. Chaque fois il a en face de lui des jésuites. Il les traite brutalement et avec mépris.

Son orgueil est devenu si grand qu'il en perd le sens de la mesure. N'écrit-il pas à un certain Stasi (qui est en fait un nom d'emprunt du directeur du Collège romain, Orazio Grassi) : « Vous n'y êtes pour rien, Stasi, il a été donné à moi et à moi seul de découvrir tous les nouveaux phénomènes du ciel et rien aux autres. Telle est la vérité que ni la malice ni l'envie ne peuvent étouffer » ?

*

Comme les polémiques redoublent, que ses protecteurs Clavius et Bellarmin sont morts, que sa santé va de mal en pis, Galilée semble se résigner et s'enfermer dans l'aigreur qu'il montre constamment à quelques disciples restés fidèles. Excepté quelques coups d'éclat spectaculaires qui renforcent sa réputation de mégalomaniaque il devient de plus en plus silencieux, aigri, hors du monde.

C'est dans ce contexte maussade que Galilée apprend en 1623 l'élection comme pape du cardinal Maffeo Barberini, qui prend le nom d'Urbain VIII. Barberini, son ami.

Pensant tenir sa revanche sur les Jésuites et du même coup faire triompher le système de Copernic, il reprend de sa superbe provocatrice.

Il se rend à Rome, où il est reçu sept fois par le pape et, sur la recommandation de ce dernier, décide d'écrire un livre d'astronomie qui exposera de manière équilibrée les deux explications du ciel : le modèle de Ptolémée et le modèle de Copernic.

C'est la publication de ce livre, en 1632, qui lui créera les ennuis que l'on sait, puis le procès de 1633, au terme duquel accusé d'hérésie pour avoir défendu dans le *Dialogue* la thèse de Copernic, Galilée, malgré son abjuration, est condamné ; non au bûcher, comme Giordano Bruno, mais à la réclusion à vie dans sa villa de Florence. Sentence injuste et disproportionnée, comme nous le plaiderons.

On a beaucoup glosé sur l'attitude du pape, certains l'accusant de duplicité, d'autres de susceptibilité extrême. En fait, le pape a été entraîné dans une procédure qu'il ne pouvait pas éviter. La Réforme progressait à grands pas en Europe. Le roi de Suède, Gustave Adolphe, à la tête des princes protestants, dévastait l'Allemagne, c'est-à-dire le Saint-Empire. On reprochait au pape son manque de fermeté contre les protestants, son amitié pour le cardinal de Richelieu (soutien discret des protestants d'Allemagne), son modernisme trop affiché, sa sympathie pour les thèses frôlant l'hérésie et aussi son amitié pour Galilée.

Pour faire comprendre où allait son cœur, il destitua du Collège romain Orazio Grassi et l'exila, ne lui pardonnant pas d'avoir été le principal accusateur de Galilée.

Mais il lui fallait laisser l'Inquisition déclencher sa procédure. Pour tenter d'atténuer la sentence, il nomma son neveu, le cardinal Francesco Barberini, président du tribunal, mais il ne put empêcher la condamnation.

*

Alors que Newton avait dès 1665 démontré mathématiquement que Kepler et Galilée avaient raison, que depuis la fin du XVIIe siècle les protestants et les Juifs s'étaient ralliés massivement au système bureaucratique, il fallut attendre 1846 — plus de deux siècles — pour que l'Inquisition retire de l'Index les œuvres de Copernic et de Galilée et 1992 pour que le pape Jean Paul II prononce un semblant d'autocritique.

*

Ce qui rend aujourd'hui l'épisode surréaliste, c'est que sous le regard de la science moderne, le débat était à l'époque nécessairement obscur.

Certes, c'est le « gros corps » Soleil qui attire par gravitation les planètes et elles tournent bien autour de lui comme les satellites « galiléens » tournent autour de Jupiter. Newton montrera cela quarante ans plus tard ; en même temps la théorie de la relativité développée par Einstein, mais dont Galilée fut l'initiateur, postule qu'il n'y a pas de repère absolu dans l'univers, seulement des repères arbitraires. On peut donc parfaitement décrire le système solaire en décidant que la Terre est fixe ou que le Soleil est fixe ou que la Lune est fixe. A partir de là on peut définir les trajectoires des autres objets planétaires. Outre qu'il est physiquement vrai, la supériorité descriptive du système planétaire héliocentrique, c'est qu'il permet la description la plus simple ! C'est l'élégance que défendait Galilée, et là il avait raison. Mais les autres modèles permettaient aussi une description précise du ciel, raison pour laquelle Ptolémée et Tycho Brahé réussissaient à calculer des éphémérides très précises. Du coup, si l'on considérait la preuve par l'observation, Ptolémée et Tycho avaient raison, puisque leurs éphémérides étaient plus justes que celles de Copernic !

Ce débat fut fondamental pour faire progresser la science, pour nous permettre de comprendre le système solaire et pourtant il était vicié.... Rude coup pour ceux qui croient que la science établit des vérités absolues et aveuglantes. Galilée avait raison... sans preuves !

*

Nous sommes en 1633. Le procès s'ouvre. J'ai accepté d'assurer la défense de l'accusé.

Encore une fois, ce livre a un caractère un peu étrange. On me demande de défendre Galilée devant le tribunal de l'Inquisition réuni en 1633 à Rome et qui, on le sait, a condamné Galilée à la réclusion à vie. J'ai donc perdu d'avance, semble-t-il.

Il n'y a, hélas, pas eu d'avocat ni de plaidoirie devant les tribunaux de l'Inquisition. L'exercice auquel je me livre est totalement imaginé. Néanmoins, la manière dont le procès de 1633 s'est déroulé aurait parfaitement pu permettre d'y insérer une plaidoirie. Techniquement, la chose était possible. C'est dans cet esprit que je l'ai fait, en adoptant le rôle d'un avocat moderne, qui cherche bien sûr à obtenir le meilleur résultat possible pour celui qu'il défend. Cela le conduit à présenter les situations sous des aspects qui lui sont plutôt favorables.

Pour défendre Galilée, j'ai choisi de me glisser dans la personne de Benetto Castelli, un moine bénédictin qui fut successivement disciple de Galilée, professeur de mathématiques à l'université de Pise, puis collaborateur du pape Urbain VIII comme hydrologue du Vatican et qui est resté toute sa vie durant un ami fidèle de Galilée, ce qui n'était pas sans risques pour un ecclésiastique comme lui. Ce choix a bien sûr eu des conséquences sur la manière de construire la plaidoirie et notamment sur le style oratoire.

Cette plaidoirie imaginaire étant prononcée, fallait-il laisser le jugement tel qu'il fut rendu ?

C'eût été proclamer l'inefficacité du processus de défense. Je ne pouvais faire cette injure à la confrérie des avocats.

J'ai donc modifié le jugement dans des proportions vraisemblables, avant de donner le texte de la vraie sentence. Et celui, si triste, de l'abjuration.

Sautant des siècles, j'ai choisi de m'inspirer, dans ma démarche apparemment anachronique, de ce discours de Jean Paul II devant l'Académie pontificale le samedi 31 octobre 1992, discours où il porte une appréciation assez complexe et même ambiguë sur Galilée, comme on pourra le voir.

Et maintenant, j'enfile ma robe de moine et je me lance.

Le cadre d'un procès célèbre

Nous sommes le mercredi 22 juin 1633 dans la grande salle du couvent de Minerve à Rome.

D'un côté sont assis les dix cardinaux constituant le tribunal de l'Inquisition. Ils sont en grande tenue d'apparat.

De l'autre côté de la salle, faisant face au tribunal, des représentants des diverses composantes de l'Eglise représentent le Saint-Office, la Congrégation des Rites, les divers ordres de moines. On voit aussi un certain nombre d'amis de Galilée, ecclésiastiques ou non, ainsi que l'ambassadeur de Florence auprès du Saint-Siège, Nicolini. C'est le pape Urbain VIII lui-même qui a voulu donner cette ampleur et ce cérémonial au procès, pratique assez inhabituelle pour l'Inquisition.

Au centre sont disposées deux tables se faisant face et un prie-Dieu, avec un siège.

Derrière l'une des tables s'est assis le Grand Inquisiteur, le R. P. Frère Vincenzo Maculano de Firenzuola, faisant fonction de Grand Accusateur, il est assisté du R. P. Carlo Sinceri, procureur fiscal du Saint-Office.

Derrière l'autre table se tient Benetto Castelli, bénédictin, habillé en noir et blanc, que Galilée a choisi comme défenseur. *(Nous sommes dans la fiction : en réalité c'est moi qui me tiens là, sous les traits de Castelli).*

Galilée est introduit. Il porte la robe blanche des pénitents et des sandales aux pieds. Il paraît cassé, broyé. Il marche d'un pas mécanique et ne semble voir personne, ni le tribunal ni ses amis. J'essaie de lui adresser un petit hochement de tête. Il ne le remarque pas.

Il va comme un somnambule s'asseoir sur le siège du prie-Dieu.

Il fait chaud. L'atmosphère est lourde.

Le président du tribunal, le cardinal Francesco Barberini, neveu du pape fait signe au Grand Inquisiteur de commencer la lecture de l'acte d'accusation.

Celui-ci, obéissant aux rituels de l'époque, commence avec majesté et monotonie. Il importe de n'oublier personne parmi les autorités présentes. Chacun écoute, ou fait semblant.

Il est lu par le Grand Inquisiteur, qui se lève :

— Nous, Grand Inquisiteur de la Sainte Inquisition, gardienne des Saintes Ecritures et de la foi selon les canons de la Très Sainte Eglise catholique, apostolique et romaine, agissant aujourd'hui en tant que Grand Accusateur devant ce tribunal composé par les très éminents et glorieux cardinaux de toute la République chrétienne, Gaspare Borgia, Felice Centino, Guido Bentivoglio, Desiderio Scaglia,

Antonio Barberino, Laudivio Zacchia, Berlingero Gesso, Fabrizio Verospio, Marzio Ginetto et Francesco Barberini, président, agissant en tant qu'Inquisiteurs généraux du Saint-Siège apostolique spécialement députés contre la dépravation hérétique, décrétons présentement accuser d'hérésie, d'insubordination et de propagation de fausse théorie le sieur Galileo Galilei, fils de Vincenzo Galilei, citoyen de Florence, âgé de soixante-dix ans, venu à Rome à la demande de la Sainte Inquisition pour comparaître devant ce tribunal.

Cette comparution a été précédée d'une série d'interrogatoires que nous avons menés personnellement, assisté suivant les jours par les experts en théologie suivants : Mgr Oteggi, consultant du Saint-Office; le père Pasquaglio de l'ordre des Théatins; le père Inchofer de la Compagnie de Jésus; le père Carlo Sinceri, procureur fiscal du Saint-Office, ici présent.

Après en avoir référé au tribunal réuni au grand complet au cours de la séance secrète du 18 juin 1633, Nous, Inquisiteur général de la Sainte Inquisition, luttant contre la dépravation, l'hérésie et la dégradation de la foi, accusons le sieur Galileo Galilei des faits suivants :

(Ici mon attention se réveille.)

D'avoir cru, propagé et enseigné la doctrine fausse, déclarée telle par le concile de Trente et constamment condamnée comme hérétique par la Sainte Eglise, suivant laquelle la Terre tourne sur elle-même et autour du Soleil, ce dernier devenant du même coup le centre du monde.

Malgré les précautions oratoires qu'il a parfois prises, mais qui l'étaient dans le but exclusif de tromper la vigilance de la Sainte Eglise, Galilée a défendu et enseigné cette théorie fausse, et depuis longtemps.

(L'Accusateur s'adresse directement au prévenu.)

En 1592, alors que vous veniez d'être nommé professeur à l'université de Padoue par un décret du Conseil de la Sérénissime République de Venise, vous avez fréquenté assidûment l'hérétique Giordano Bruno le Nolain et, ensemble, vous avez conçu le plan de propager cette théorie erronée. Giordano Bruno a été purifié par le feu en 1600 et cela vous a rendu prudent, mais le projet commun que vous aviez esquissé ensemble est pourtant demeuré vivace dans votre esprit.

Ne reculant pas devant la fréquentation de l'hérésie, vous avez également entretenu une correspondance régulière avec l'astronome impérial Johannes Kepler, hérétique réformé notoire, et là encore cette fréquentation n'eut comme but que de propager la fausse doctrine de Copernic.

Avec une audace inouïe, vous avez, dans des lettres publiques envoyées à notre frère Castelli ici présent, et qui aura la lourde tâche de vous défendre devant ce tribunal, et à Sa Majesté la grande-duchesse Christine de Lorraine, osé remettre en cause l'interprétation des Saintes Ecritures et le passage de la Bible où Josué demande à Dieu d'arrêter le mouvement du Soleil et de la Lune. Galilée, vous vous êtes arrogé le pouvoir d'interpréter les Ecritures alors que vous savez bien que ce pouvoir n'appartient qu'à notre Sainte Mère l'Eglise !

Mais vous êtes allé encore plus loin. Vous avez prétendu que l'interprétation des Ecritures, telle que nous l'enseigne l'Eglise, n'était valable que pour le vulgaire, pour l'ignorant. Celui qui a reçu de l'instruction a le droit de proposer d'autres interprétations, « métaphoriques » comme vous le dites. Outre le fait que vous séparez les chrétiens en fonction de leur degré d'instruction, et donc de leur fortune, vous introduisez là une démarche totalement hérétique. Le droit d'interpréter la Bible librement et de l'apprécier diversement, individuellement, n'est-ce pas la démarche même des Juifs et aussi des hérétiques qui se réclament de la Réforme ?

D'ailleurs, cette sympathie pour la Réforme, que vous ne pouvez nier, vous a conduit à mettre en doute la réalité de l'Eucharistie. Dans votre ouvrage *L'Essayeur*, vous avez défendu l'idée des anciens Grecs Démocrite et Leucippe suivant laquelle la matière était constituée d'atomes niant du même coup la doctrine de la transsubstantiation, comme l'ont fait les grands hérétiques de la Réforme.

Galilée, ne savez-vous pas que notre sainte religion est fondée sur un dogme lui-même issu de l'interprétation des Ecritures par l'Eglise ? Et que ce dogme est unique, que tous les catholiques — je dis bien tous les catholiques, quelle que soit leur condition de fortune et d'éducation — doivent le respecter sans discuter. C'est pour cela que l'Eglise est seule habilitée à interpréter les Ecritures, et nul n'est autorisé à le faire à son insu, cela afin d'assurer cette unicité. C'est cette unicité du dogme, cette cohérence universelle, qui fonde la supériorité de la foi catholique sur toutes les autres croyances, déviances ou hérésies diverses.

Dans cette même ligne de déviance, vous avez développé l'idée que le pouvoir de l'Eglise ne s'appliquait qu'à la théologie et que la connaissance scientifique échappait à sa décision. Non seulement cette prétention est explicitement contraire aux attendus du concile de Trente, qui a clairement défini qu'en toutes choses — y compris en celles qui relèvent de la science — c'est l'Eglise, seule, qui établit ce qui est vrai et ce qui est faux, et que nul autre ne saurait se substituer à elle, mais c'est intellectuellement absurde.

Lorsque les pères Caccini et Lorini de Florence ont écrit à la Sainte Inquisition pour vous dénoncer, ils ont affirmé que vous étiez en train de construire une nouvelle hérésie. C'est parfaitement exact. Galilée, votre immense orgueil ne supporte pas le magistère de l'Eglise et vous voulez pouvoir dire ce que bon vous semble ! Allant plus loin encore, vous avez voulu fonder une nouvelle religion, celle de la science, qui petit à petit se substituerait au dogme de la Sainte Eglise.

Dès le début de vos travaux, vous avez réclamé haut et fort cette indépendance intellectuelle, et milité pour l'affaiblissement de l'Eglise. Vos travaux pour réfuter les théories d'Aristote, dans tous les domaines, sont contraires aux recommandations finales du concile de Trente, qui rappelle bien que la référence scientifique ultime de toute recherche est la philosophie d'Aristote, comme l'a bien démontré le très saint et très respecté Thomas d'Aquin.

Vos polémiques sur les taches solaires et les comètes avec le Collège romain n'ont été que des tentatives pour affaiblir et critiquer le pouvoir de l'Eglise à expertiser elle-même le savoir.

En fait, Galilée, vous n'avez eu de cesse d'affaiblir notre Sainte Eglise. Vous, êtes un mauvais catholique !

*

Galilée, qui brutalement semble prendre de la vitalité, intervient alors pour s'écrier :

— Ah non ! Ce n'est pas vrai ! Vous ne pouvez pas m'accuser d'être un mauvais catholique ! Je n'ai cessé de pratiquer la vraie religion dans sa totale plénitude. Ma vie a été consacrée à Dieu, et à comprendre son œuvre ! Nobles éminences, m'accuser d'être un mauvais catholique est — et je pèse mes mots — une forfaiture !

Le président Barberini intime au prévenu de se rasseoir et de se taire :

— Galilée, calmez-vous ! Vous ne pouvez pas interrompre l'acte d'accusation, quels que soient les sentiments qu'il vous inspire. Quant à vous, Grand Accusateur, votre rôle n'est pas d'extrapoler au-delà des faits précis, ni de dresser des procès d'intention. Moi qui connais Galilée depuis le temps où j'étudiais à l'université de Pise, je puis affirmer qu'en ce qui concerne la pratique et la foi, il s'est toujours conduit en parfait catholique. Dans ses cours et ses discours, comme dans son comportement. Poursuivez en vous en tenant aux faits précis, s'il vous plaît.

Le Grand Inquisiteur hoche la tête et reprend :

— Eminences, je demande pardon au tribunal si j'ai quelque peu extrapolé. Mais les faits sont là. Vous poursuivez un but qui ne vous a jamais quitté : libérer la science, c'est-à-dire lui permettre d'affirmer n'importe quoi.

Galilée ne peut se retenir. Il se dresse encore :

— Mais la science n'est pas pour moi distincte de la foi en Dieu ! Et c'est pour cette raison qu'elle ne peut jamais dire n'importe quoi ! Jamais ! Elle se fonde sur l'observation du monde que Dieu a créé !

— Peut-être, rétorque l'Inquisiteur, mais dans l'entreprise orgueilleuse et irréfléchie que vous poursuivez depuis vingt ans, vous n'avez pas hésité à mentir et à tromper les plus hautes autorités de l'Eglise, y compris notre Saint-Père, pour montrer que la science n'obéissait à personne, si ce n'est à elle-même.

L'homme poursuit, en consultant quelques notes :

— Vous avez, en 1616, reçu une injonction formelle de ne plus jamais parler de la théorie de Copernic. Or, non seulement vous l'avez évoquée dans votre ouvrage *L'Essayeur*, mais vous avez entrepris d'écrire le *Dialogue*, qui était totalement contraire à cette injonction. Et vous avez volontairement omis de dévoiler au Saint-Père l'existence de cette injonction. Parjure dissimulateur, vous avez totalement trompé Sa Béatitude Urbain VIII. Vous avez abusé de l'affection qu'il vous portait pour lui faire croire que vous alliez écrire un livre équilibré et équitable, alors que vous avez écrit dans le *Dialogue sur les deux systèmes du monde*, un ouvrage tout à la gloire du système de Copernic. Vous avez ridiculisé et déformé la théorie de Ptolémée, celle qui décrit la vérité, à savoir que la Terre est le centre de l'univers et que tous les astres, le Soleil comme les planètes, tournent autour de lui. Dans votre ouvrage, cette théorie est défendue par un personnage auquel vous avez donné le nom ridicule de Simplicio, autrement dit simpliste, simplet. Dans toutes les joutes oratoires qu'il soutient avec le défenseur des thèses de Copernic, que vous avez appelé Salviati, ce Simplicio a le dessous. En diverses occasions, il est même franchement ridiculisé, se contredisant lui-même ou restant sans voix devant le discours de Salviati.

Quant au troisième personnage, Sagredo, censé représenter l'opinion équilibrée, balancée, il prend systématiquement fait et cause pour Salviati, c'est-à-dire pour Copernic, comme s'il ne restait rien de la doctrine de Ptolémée.

Circonstances plus graves encore, vous avez mis dans la bouche de Simplicio des paroles qui pourraient être attribuées à Sa Sainteté, paroles que Salviati s'empresse de ridiculiser, offensant du même coup Urbain VIII, qui fut pourtant pendant longtemps votre protecteur. Vous avez marqué par là des signes d'arrogance et d'insolence indignes d'un bon catholique.

Par ailleurs, alors que ce livre devait paraître à Rome, vous l'avez fait imprimer à Florence, violant ainsi les instructions du maître du Sacré Palais, et donc la volonté du Saint-Père lui-même.

L'intention maligne de cet ouvrage est également attestée par le fait que, contrairement à l'usage de tous les livres scientifiques, il n'a pas été écrit en latin mais en italien vulgaire, dans le but très clair de propager dans le bon peuple, naïf et mal préparé, la fausse doctrine de Copernic.

Pour toutes les raisons ici développées, appuyées sur les témoignages ici rassemblés, je demande au tribunal ici réuni de vous condamner pour hérésie formelle et intentionnelle, pour avoir tenté de mettre en cause l'autorité et le magistère de la Sainte Eglise, pour avoir eu la prétention de vous mettre au-dessus des lois et règles qui s'appliquent à tout bon catholique, pour avoir cherché par votre enseignement et vos écrits à entraîner de bons et loyaux catholiques dans votre voie erronée, pour avoir volontairement, par dissimulation et manipulation, trompé Sa Sainteté Urbain VIII.

Compte tenu de tous ces faits, qui sont extrêmement graves, vous devez encourir les peines les plus lourdes prévues par les canons, peines et sentences de la Sainte Inquisition, y compris, si vous n'y renoncez pas publiquement, la purification par le feu !

La parole est à la défense

C'est alors que, sous l'identité de Benetto Castelli, je prends la défense de Galilée, sur un signe du président.

Je ne manque pas de m'exprimer en employant les termes qui conviennent. Je ne lésine pas sur les « Nobles Eminences » et les « Illustrissimes Docteurs ». Par exemple : « Très Saintes Eminences, très Honorés membres du tribunal de la Sainte Inquisition, maîtres très estimés. »

Ils hochent la tête de contentement. Je poursuis :

— Vous avez, dans votre infinie sagesse, pour la première fois dans la riche histoire de la très Sainte Inquisition, décidé de permettre à l'accusé d'être défendu par ce qu'on appelle un avocat. Je veux d'abord rendre hommage à cette initiative heureuse qui marquera, par son souci de justice et de modernité, le magistère de Sa Sainteté Urbain VIII, dont le pontificat restera sans aucun doute dans l'Histoire comme un des plus grands. Que vous ayez choisi le cas de Galilée pour inaugurer cette initiative est, en soi, un hommage rendu à ce grand et magnifique savant.

Quant à moi, outre l'admiration et l'estime que je porte à Galilée et qui sont de notoriété publique, ma désignation de défenseur doit sans doute beaucoup à ma longue carrière d'ecclésiastique au cours de laquelle j'ai servi Dieu, notre Sainte Mère l'Eglise et plus récemment le Saint-Père avec dévouement et je peux le dire une complète abnégation.

(Il va de soi qu'avant de prendre l'identité de Castelli je me suis renseigné sur sa vie, au cas où des questions me seraient posées sur moi-même.)

Eminences, Galileo Galilei que vous allez juger aujourd'hui est l'une des gloires de l'Italie, mais plus encore l'une des plus grandes sommités scientifiques du monde contemporain. Il est aussi, et on le dit moins, un très grand chrétien qui fait honneur à la vraie religion.

Nobles Eminences, très respectés seigneurs, je veux dire devant vous dès le début de ma plaidoirie et avec tout le sérieux et la sincérité que j'ai mis à la préparer, ma très profonde conviction que j'espère faire partager à cet illustre tribunal.

Premièrement, je dis et je démontre que les péchés reprochés à Galilée sont :

Soit inventés par ses ennemis, et notamment ses collègues, qui ont fait des amalgames inqualifiables entre science et hérésie pour le perdre.

Soit il s'agit de péchés véniels, même s'ils sont avérés et non mortels. Le plus clair étant le péché d'orgueil. Mais est-il le seul à l'avoir commis? Notre très aimé Saint-Père rappelait récemment qu'il est encore trop répandu au sein même de notre Sainte Mère l'Eglise.

(Mes déclarations provoquent quelques légers mouvements du côté du tribunal et quelques sourires complices en face dans le public. Je crois qu'il fallait dès le début mettre mal à l'aise certains prélats qui, de notoriété publique, sont très contents d'eux-mêmes et à qui le pape a fait la remarque.)

Secondement je veux répéter ici ce que Galilée lui-même a dit dans sa réaction dont la spontanéité était bien la preuve de sa sincérité, à savoir que Galilée est et a toujours été un chrétien exemplaire et un parfait catholique.

Ses recherches scientifiques ont toujours été faites en suivant la voie de savants — ou de saints — reconnus officiellement par l'Eglise au premier desquels saint Thomas d'Aquin, lui-même fidèle disciple d'Aristote.

Quant aux découvertes extraordinaires faites par Galilée, loin d'être en quoi que ce soit une voie vers l'hérésie, elles ont été extraordinairement bénéfiques pour le monde catholique, et donc pour l'Eglise, et ont permis de montrer que ce qui était le fruit de notre religion était très supérieur à la religion protestante. Galilée est un bienfaiteur de la république catholique et le plus solide pilier de la grandeur de sa Sainte Béatitude Urbain VIII.

Nobles cardinaux, très vénérés seigneurs, je vous demande d'entendre tout ce que je vais dire avec cette grille de lecture qui correspond, je crois, à l'exacte vérité.

(Je prends un temps avant d'entamer vraiment ma plaidoirie.)

Nobles Eminences, souvenez-vous de cette carrière d'universitaire et de chercheur, tout à fait exceptionnelle. Galilée a non seulement renouvelé totalement l'enseignement des mathématiques, de la géométrie notamment, en y introduisant des démonstrations originales de théorèmes anciens, de nouvelles façons de présenter les théories connues, mais plus encore il a renouvelé la physique, et donc la philosophie naturelle, en y apportant des découvertes fondamentales sur la chute des corps, le pendule, l'hydrostatique, l'optique, la résistance des matériaux. Fait peut-être plus important encore, il a inventé une nouvelle manière d'analyser le monde en renouvelant la pratique de la physique. C'est lui, en effet, qui a introduit comme méthode de raisonnement cette alternance heureuse entre l'expérimentation et la conceptualisation, traduisant cette dernière par des formules mathématiques simples. Démarche totalement nouvelle qui, je le crois, traversera le temps.

(De cela, je suis sûr, mais je ne peux pas dire pourquoi.)

Pour développer ses théories, il a utilisé la méthode préconisée par Thomas d'Aquin, venue en droite ligne d'Aristote, laquelle comprend trois étapes : l'hypothèse *(suppositio)*, la démonstration *(compositio)* et la vérification *(resolutio)*. Mais il y introduit deux éléments nouveaux, originaux. Il ne s'appuie plus sur la seule logique. Il considère que l'expérience, dûment contrôlée et répétée, est un élément essentiel de la démonstration.

Il considère aussi que ces lois de la nature, qu'il cherche à découvrir, s'expriment en langage mathématique, suivant une formulation qu'il faut découvrir pour chaque problème. Expérimentation, observation puis mathématisation : voilà son apport essentiel, et durable.

C'est avec cette méthode qu'il va découvrir les lois fondamentales de la nature. Cette méthode nouvelle, originale, utilisée par Galilée pour pratiquer la science, est en fait la conséquence de sa très profonde piété et des enseignements reçus de notre Sainte Mère l'Eglise. Comme il le dit lui-même, la seule motivation qu'il ait jamais eue, pour entreprendre ses recherches scientifiques, est l'immense amour qu'il porte à Dieu et dont il a toujours espéré se rapprocher davantage, en comprenant mieux comment Il a créé l'univers, comment Il a organisé le monde. En ce sens, le fait qu'on puisse exprimer les lois de la physique par des expressions mathématiques exactes, rigoureuses, n'est-ce pas une preuve de l'existence de Dieu et de sa toute-puissance ? Comment pourrait-on avoir des lois si exactes, si parfaites, si Dieu lui-même ne les avait pas inventées, inspirées, déterminées ?

Ne reprend-il pas dans ses cours, dans ses conférences, dans ses écrits, la même formule que notre grand saint Thomas d'Aquin ? « Déchiffrer les lois de la nature, c'est se rapprocher un peu plus de

Dieu, mieux le connaître et mieux l'aimer », dit-il. N'enseigne-t-il pas à ses élèves que la première qualité d'un scientifique, c'est d'aimer Dieu passionnément ?

Certes, dans le cours de l'Histoire, nombreux furent les débats qui animèrent la communauté des chrétiens, sur ce sujet.

Le grand Bernard, prieur de Clairvaux, dont la sainteté dans la conduite de vie est un exemple pour tous, prêchait, il est vrai, l'« ignorance pieuse ». La foi, la croyance en Dieu, n'ont pas besoin de démonstrations, d'arguments, disait-il. En chercher, c'était d'après lui une faute, une preuve de doute à l'égard de Dieu, donc d'impiété. Un croyant ne doute pas. Il croit. Aussi saint Bernard s'opposait-il, chez les moines, à toute autre lecture que celle du *Nouveau Testament*.

Sa vision, celle de l'ignorance pieuse, était, il faut le souligner, contraire à celle d'autres grands penseurs chrétiens qui l'avaient précédé, comme saint Augustin ou Abélard. Quels que soient les mérites de Bernard, sa vision, nous devons aujourd'hui le reconnaître, a conduit à la régression de la religion, en propageant l'ignorance.

Heureusement, cette manière de voir est dépassée, grâce notamment aux enseignements donnés par Albert le Grand et Thomas d'Aquin, et par leurs disciples, qui ont conduit à créer puis à développer nos magnifiques universités. Sous l'influence des clercs et avec les encouragements de notre Mère l'Eglise, à partir du XIIe siècle on a en effet ouvert les universités, dont le but était de réfléchir profondément sur la signification des Ecritures saintes et, par là, de mieux comprendre les enseignements et recommandations de Dieu. Elles ont joué un rôle considérable dans le développement intellectuel, mais aussi théologique, de toute l'Europe.

C'est dans cette lignée intellectuelle, celle de Thomas et celle du concile de Trente, qu'il faut placer l'œuvre de Galilée. Non seulement son travail n'est pas hérétique, comme l'a affirmé d'une manière trop intransigeante, abrupte et sans doute fausse, Son Excellence le Grand Inquisiteur, mais il se situe au cœur même de la démarche orthodoxe, moderne, de la Sainte Eglise.

(J'utilise le mot « moderne » comme s'il représentait une qualité, un élément positif, mais je ne suis pas sûr que tous mes auditeurs le perçoivent ainsi.)

Non seulement sa démarche n'est pas un affaiblissement de la religion catholique, mais elle la renforce en montrant sa fécondité dans la conquête du savoir.

Très Illustres Eminences, j'ai voulu rappeler cette démarche dès le début de ma plaidoirie, car je crois qu'elle permet d'éclairer nombre d'aspects de la vie, du comportement et même des écarts mineurs que Galilée a pu commettre au cours de sa vie scientifique, mais aussi universitaire et politique.

Cette démarche, cette recherche pieuse, de la découverte des lois de la nature, c'est-à-dire des lois de Dieu, n'est-elle pas la démarche même de Sa Sainteté Paul III lorsqu'il créa, sur la suggestion d'Ignace de Loyola, le Collège romain ?

Cette incomparable institution, dès le début, se voulait la synthèse entre la tradition rigoureuse des universités théologiques comme Padoue, Oxford ou Montpellier, et le « modernisme » introduit dans les enseignements par le Collège des lecteurs royaux à Paris, ou à l'université de Cambridge et de Bologne. Une université où personne n'était propriétaire d'un savoir, puisque les titulaires des cours devaient changer tous les trois ans. Une université qui enseignait à la fois la théologie et la philosophie avec la rigueur nécessaire, mais aussi les mathématiques, la physique et la philosophie naturelle. Bref, une université universelle, car il faut « aimer beaucoup l'intelligence », comme l'a dit saint Augustin, et l'étude du monde doit nous mener à Dieu.

Le rôle extraordinaire qu'ont joué dans ce développement certains de ses directeurs, comme le très regretté cardinal Roberto Bellarmin, puis son successeur Claude Aquaviva, ont fourni des exemples de cette synthèse entre modernisme et tradition, entre l'esprit de recherche scientifique et la rigueur la plus absolue dans le respect des canons de l'Eglise et des Ecritures.

Cet accomplissement ne s'est pas réalisé sans débats. A partir des travaux du célèbre père Francisco Suarez, meilleur commentateur de saint Thomas, le père Benedetto Pereira, dans un premier temps, a cherché à rapprocher Aristote de Platon et donc à négliger, dans la doctrine d'Aristote, ce qu'il y avait de concret et d'observation de la nature au profit de son aspect plus abstrait et métaphysique.

A l'opposé de cette doctrine se sont rassemblés ceux qui voulaient développer les connaissances scientifiques proprement dites, fondées sur la physique, les mathématiques et l'observation du monde sensible. Le maître de cette manière d'appréhender la vérité fut Roberto Bellarmin lui-même, recteur du Collège romain de 1592 à 1595, élevé au cardinalat en 1599 et de qui nous reparlerons longuement. Il a fixé à la recherche scientifique un but précis : expliquer et approfondir ou compléter — je dis bien compléter — les Ecritures, et mieux comprendre ainsi la pensée de Dieu. Ambition hardie, peut-être même dangereuse, à en croire le présent procès *(Je marque un temps pour observer les réactions)* mais combien féconde ! *(Le visage des cardinaux reste de marbre sauf celui de Barberini qui esquisse un rictus de sourire.)*

Cette vision, qui a finalement triomphé au Collège romain, est la vision qui structure toute l'œuvre de Galilée. Il est donc parfaitement cohérent que Galilée ait entretenu des relations étroites avec les maîtres du Collège romain et qu'on puisse presque le considérer comme un disciple de ce Collège, tant il a été fidèle à ses méthodes, allant jusqu'à échanger avec les professeurs ses propres notes de cours.

Paradoxe de ce procès : une partie des critiques que l'on adresse aujourd'hui à Galilée avait déjà été écartées par le cardinal Bellarmin au début du siècle, et cela dans une ambiance beaucoup moins dramatique et beaucoup moins publique ! Et voici qu'au rang des témoins à charge se trouve aujourd'hui le lointain successeur de Bellarmin à la tête du Collège romain ! N'est-ce pas surprenant ? Incompréhensible ? Le monde irait-il à reculons ? Mes frères de la Compagnie de Jésus auraient-ils renié leur passé et ce qui en fut l'essence même ? Cette apparente contradiction comme la dimension même de l'exceptionnelle personnalité de Galilée, exigent un rappel historique très rigoureux.

*

Galilée commence sa carrière universitaire à Pise où, bien que non titulaire d'un diplôme, l'Université l'embauche très jeune comme professeur de mathématiques, témoignage flatteur, déjà, de ses qualités exceptionnelles. L'éminent mathématicien Guidobaldo del Monte, qui avait pour frère un cardinal célèbre et respecté, le tenait déjà pour le meilleur mathématicien de sa génération, comme en témoignent les trois lettres que j'ai jointes au dossier de défense comme pièces annexes, et que vous pourrez consulter.

Sa réputation dépasse vite la Toscane. L'université de Padoue lui fait une proposition intéressante et, après le vote favorable du sénat de Venise, il s'y installe en 1592. Dans cette université, il a laissé s'épanouir son talent scientifique. C'est là qu'il a véritablement établi les lois sur la chute des corps. Il a montré que deux objets de forme compacte — de telle sorte que la résistance de l'air s'exerçant sur eux soit faible — tombent avec une vitesse qui ne dépend pas de leur masse. Résultat étonnant, qu'il établit de manière incontestable, tant par ses expériences à la tour de Pise que par la chute de billes le long de plans inclinés qu'il a construits à cet effet. Un boulet de canon et une balle de mousquet, lâchés en même temps au sommet de la tour, arrivent en même temps en bas. Oui, messieurs, en même temps. Une bille, quelle que soit sa masse, met *le même temps* pour descendre le long du même plan incliné.

Aristote, lui, pensait que la chute dépendait de la masse des corps. Il le pensait parce qu'il avait observé la chute des feuilles en automne et remarqué qu'un gland arrive plus vite au sol qu'une feuille de chêne. Ce qui est exact. Nous pouvons tous le constater. Mais si Aristote avait raison, dans l'expérience des boulets de canon et des balles de mousquet faite à la tour penchée de Pise, le boulet de canon toucherait le sol alors que la balle de mousquet serait encore au troisième étage de la tour. Or, Eminence, cette expérience a été répétée de multiples fois et les résultats de Galilée ont toujours été confirmés. Boules et balles arrivent *en même temps* en bas. Si ce noble tribunal en doutait encore, il pourrait déléguer une commission spéciale à Pise pour réaliser sous son contrôle une nouvelle fois, l'expérience ! A Pise, ou ailleurs. Du haut de n'importe quelle tour.

Mais Galilée a fait plus que mettre en évidence cette loi : il a donné l'explication physique du phénomène. Tout objet situé à la surface de notre planète est en effet attiré par le centre de la Terre. Cette attraction dépend de la masse de l'objet. Plus il est lourd, plus il est attiré. Pourtant, tout objet qui est au repos a tendance à y rester. C'est là le principe d'inertie, que l'on pourrait qualifier de paresse naturelle. Or cette inertie dépend elle-même de la masse. Il est plus facile de mettre en mouvement un objet léger qu'un objet lourd. On fait moins d'effort pour déplacer une boule de papier qu'un boulet de canon en fer. Nous le savons tous.

Nous avons donc d'un côté une attraction qui augmente avec la masse, mais d'un autre côté une résistance au mouvement qui augmente elle aussi avec la masse. Ces deux effets de masse sont antagonistes et s'annulent. Voilà pourquoi la vitesse de chute des corps ne dépend pas de la masse.

Cependant, dans ces conditions, comment expliquer la différence de vitesse de chute entre le gland et la feuille ?

Galilée a également réussi à expliquer ce paradoxe. Aristote oubliait un facteur essentiel : la résistance que l'air oppose à tout objet qui s'y déplace.

Or, cette résistance de l'air agit sur un objet en fonction de sa forme. Ainsi, la feuille de chêne, plate et mince, offre une grande résistance à l'air, alors qu'un gland de forme sphérique n'offre qu'une résistance faible. Ainsi le gland tombe sans résistance alors que la feuille, elle, subit cette résistance de l'air, qui la freine.

Galilée a bien exploré et bien compris l'ensemble des processus qui régissent la chute des corps.

Comme vous pouvez le comprendre, ce n'était pas si simple ! Mais du même coup, il a montré, démontré même que, quelle que soit l'admiration que nous lui portons tous, Aristote pouvait s'être trompé, et donc qu'il n'y avait aucune raison de considérer que la connaissance scientifique n'avait point progressé depuis les Grecs. Nous y reviendrons.

Mais dans ce cas, me direz-vous, pourquoi un certain nombre d'universitaires, y compris certains collègues de Galilée à Padoue, comme l'illustre professeur Cremonini, ont-ils mis en doute tout ce travail, et persistent-ils à s'en tenir à Aristote ?

*

Sujet de réflexion sur lequel nous devons nous appesantir avant d'aller plus loin.

(Je n'ai pas affaire, sauf exceptions, à des scientifiques, et je dois avancer lentement.)

— Quelles sont les objections des contradicteurs de Galilée ? Leur principale objection, leur critique essentielle, est qu'ils refusent l'expérience comme preuve définitive du phénomène. Ils disent :

« Lorsque vous regardez un objet tomber, ce que vous voyez, est-ce la réalité ou ce que vous croyez voir ? Faire confiance à nos sens, comme le toucher ou la vue, pour démontrer des lois scientifiques, c'est opposer des fonctions naturelles vulgaires au seul organe qui permette d'aborder la science, l'esprit ! »

C'est ici la position des métaphysiciens. Ils pensent que les progrès de la connaissance ne peuvent être qu'endogènes *(il faut que je leur explique ce mot, qui m'est imprudemment tombé des lèvres)*, c'est-à-dire partir de la connaissance, raisonner et aboutir à une nouvelle connaissance. En ce sens ils ressemblent beaucoup plus aux membres de l'école philosophique grecque, ceux que l'on a appelés les sophistes et dont aujourd'hui on sait que l'apport à la connaissance a été quasi nul, qu'à Aristote lui-même qui, vous le savez, fondait sa physique sur l'observation !

Si nous pensons que la vue est sujette à l'illusion, alors nous pouvons admettre que l'homme que vous voyez devant vous n'est en fait qu'un cheval, et que ce noble tribunal écoute attentivement les paroles d'un cheval.

(On note à ce moment-là quelques « mouvements divers » dans la salle. Je parais ne pas les remarquer, et je continue.)

— Dieu a doté l'homme de sens pour toucher, pour voir, pour écouter, sentir, et d'un esprit pour raisonner. Je le proclame : c'est honorer la toute-puissance imaginative de Dieu que d'utiliser pleinement tous les organes qu'Il nous a donnés ! Les sens sont aussi nobles que l'esprit puisque, comme l'esprit, ils ont été créés par Dieu. La vue, cette vue à laquelle nous tenons tant, n'est-elle pas l'instrument qui nous permet d'admirer l'œuvre de Dieu, c'est-à-dire la nature ? Le nier, c'est nier l'œuvre même de Dieu. Certes, il existe aussi des choses invisibles et, bien sûr, l'esprit humain est un élément essentiel de notre vie intérieure. Mais ceci ne contredit pas cela. Les sens, comme l'esprit, nous constituent. Ils sont tous l'œuvre du Créateur.

Revenons à l'œuvre scientifique de Galilée.

Les résultats qu'il obtint sur la chute des corps ne se sont pas arrêtés à cette explication sur le rôle, ou l'absence de rôle, de la masse. Il a montré que, lorsqu'un objet tombe, sa vitesse ne fait que croître, autrement dit qu'il parcourt au cours de sa chute des distances de plus en plus grandes pour un même intervalle de temps. Il en a établi la loi.

Pour mettre en évidence cette propriété étonnante de la chute des corps, savez-vous, Eminences, que Galilée a dû faire preuve d'une ingéniosité extraordinaire ?

Pour ralentir la chute des corps, afin de mieux mesurer le temps il eut l'idée de faire appel au plan incliné. Au lieu de lancer une bille verticalement, pourquoi ne pas la laisser rouler sur un plan incliné dans lequel on aura aménagé une petite rigole ? La chute est beaucoup plus lente.

Il a alors l'idée de disposer le long du plan incliné des clochettes qui tintent lorsqu'une bille les touche.

S'il les dispose à intervalles réguliers, il constate à l'oreille que les sons s'accélèrent lorsque la bille descend le plan incliné. N'est-ce pas extraordinaire d'imagination ?

(Je ne suis pas sûr qu'ils aient tous bien compris, mais un ou deux hochent la tête en signe d'approbation. C'est

notamment le cas du président Barbierini. Mais il me faut dire un mot pour les autres. Je reprends.)

Nobles Eminences, je vous demande humblement de me pardonner si je vous inflige une leçon de physique détaillée, et d'une manière qui vous paraît peut-être un peu ardue, mais ma démarche n'a d'autre but que de vous faire apprécier la profondeur et l'ingéniosité des travaux de cet homme, qui encore une fois honorent la république catholique tout entière.

Le plan incliné va lui ouvrir une voie nouvelle, que personne n'avait explorée avant lui, je veux parler de la chute des corps, non plus sur une verticale, mais dans l'espace, non pas à une dimension mais à deux et à trois dimensions. Que se passe-t-il lorsque, sans l'aide d'un plan incliné, on jette un objet horizontalement ? Il va être soumis à la fois à la force violente du lancer et à la force verticale d'attraction de la Terre. Galilée a montré que la trajectoire suivie était une parabole, comment cette parabole était définie et comment on pouvait en estimer les paramètres. L'intérêt de cette découverte est, comme vous l'imaginez, considérable, puisqu'elle s'applique aux boulets de canon comme aux balles de mousquet. C'est une nouvelle manière, totalement nouvelle, d'appréhender la balistique et de transformer l'art de la guerre — à supposer qu'il s'agisse d'un art.

Savez-vous, Nobles Eminences, que pour découvrir, démontrer, expliquer tout cela, il fallait plus que du talent ? Il fallait du génie ! Galilée est un génie, que lui reproche-t-on ? D'avoir renforcé le rayonnement dans le monde de la république catholique ? D'avoir poursuivi avec succès le programme tracé par saint Thomas d'Aquin sur l'acquisition de la connaissance pieuse ?

(Je m'arrête, laissant mes derniers mots faire un effet sur le tribunal dont beaucoup de membres paraissent troublés. Après un moment je reprends.)

Mais, Eminences, Galilée ne s'est pas contenté de découvrir des lois fondamentales de la physique. Ayant fait progresser notre compréhension de la résistance des matériaux en établissant quelles étaient les formes les plus résistantes aux chocs. Il a étudié la manière de construire les fortifications les plus efficaces.

Ses études sur la flottaison des objets, qui complètent heureusement les travaux déjà anciens d'Archimède, lui ont permis, de guider les architectes de l'arsenal de Venise pour construire les bateaux les plus rapides et les plus stables qui soient. Elles lui ont permis également de réaliser une machine permettant de faire monter l'eau depuis un puits ou un fleuve, d'une manière continue, et ainsi de pouvoir arroser champs et jardins sans être soumis aux vicissitudes du climat. La république sérénissime de Venise utilise ce système depuis vingt ans et je l'ai installé ici même à Rome, à la demande de Sa Sainteté.

Il a aussi fabriqué cet instrument astucieux, qu'il appelle le « compas géométrique et militaire » — lequel permet, grâce aux mouvements relatifs de deux bras de leviers et d'une tige, de calculer immédiatement quelques formules mathématiques, mais aussi aux marins de s'orienter et aux militaires de calculer le point de chute des boulets de canon qui suivent la fameuse trajectoire parabolique. Je pourrais aussi vous signaler les travaux qu'il a effectués sur les lentilles optiques, qu'il fabriqua avec les verriers de Murano et qui nous permettent aujourd'hui de réaliser en Italie les meilleures loupes grossissantes. Et ainsi de suite. Je n'en finirais plus dans ce catalogue de choses utiles qu'il a inventées.

Tout cela pour souligner que Galilée s'est toujours efforcé de faire bénéficier la société de ses découvertes, dans un souci de générosité et du bien-être des autres.

*

Un cardinal *(je ne distingue pas bien lequel)* prend alors la parole pour accuser Galilée de cupidité, de désir d'enrichissement.

— Ne nous faites pas croire, dit-il, qu'il a réalisé tout cela par charité. Il a toujours monnayé ses services et souvent fort cher, ce qui lui a permis de devenir riche !

— Avec tout le respect que je vous dois, dis-je alors, je suis obligé de noter que cette affirmation n'est pas juste, tout au moins dans sa conclusion.

Certes, il est parfaitement exact que Galilée a bénéficié de subsides extérieurs, provenant notamment de l'arsenal de la république de Venise, mais cet argent était destiné à entretenir une nombreuse famille que son père lui avait laissée en mourant. Sa mère, ses sœurs, son frère...

— Sa maîtresse et les enfants qu'il lui a faits! s'écrie le cardinal Borgia. *(Celui-là, je le reconnaîtrais entre tous tant sa tête est antipathique.)* Cet argent n'était gagné que pour lui permettre de continuer à vivre dans le péché!

Benetto Castelli, l'avocat *(de qui j'ai pris l'apparence, je le rappelle)*, acquiesce d'un mouvement de tête et continue :

— Comme beaucoup de clercs aujourd'hui, il est exact que Galilée avait à Padoue une compagne, l'exquise et très belle Maria Gamba. Mais il ne s'agissait nullement d'un amour clandestin. Seules les traditions qui empêchent les clercs de se marier, et surtout à une personne n'appartenant pas à la noblesse, l'ont maintenu dans ce que vous appelez le péché. Cependant, alors que tant d'autres, dans de semblables circonstances, ont abandonné leurs enfants, Galilée les a assumés. Il les a non seulement nourris, mais entourés de toute son attention et affection.

— Tout cela pour vivre dans la fornication, poursuit le cardinal Borgia.

(Je me dis que lorsqu'on porte un nom pareil, on devrait s'abstenir de donner des leçons de vertu. Je cherche une réponse qui le lui fasse comprendre, sans m'énerver, mais Galilée ne m'en laisse pas le temps.)

Il se dresse et déclare à très haute voix :

— Eh bien ? Que me voulez-vous ? Moi, je n'avais pas fait vœu de chasteté !

(Un silence pesant s'établit...)

— Galilée, demande le président, que voulez-vous insinuer par là ?

— Ce que j'ai dit ! J'ai élevé ma famille, celle que m'avait léguée mon père en mourant, ma mère, ma sœur, que j'ai dotée, mon frère, qui est musicien, et aussi mon beau-frère ! Et puis, bien sûr, mes enfants, à qui j'ai donné une instruction chrétienne. Mes filles ne sont-elles pas toutes deux dans les ordres, mon fils est diplômé de l'Université ? Aider son prochain, aimer ses proches, n'est-ce pas ce que nous a appris le Christ ? Oui, j'ai travaillé dur pour mes proches ! C'est vrai et pour tous je l'ai fait par amour !

(J'ai peur pour son cœur. Il a soixante-dix ans. Mais il reprend :)

— Du reste, je ne sais pas ce que vient faire ici ma vie intime, qui n'a rien à voir avec l'acte d'accusation !

Les esprits se calment. Galilée se rassied. Et, sous les traits et la capuche de Castelli, je reprends :

— Nobles Eminences, puis-je vous dire que vous avez touché là un point qui pour mon maître est particulièrement sensible, tant il a travaillé dans l'honneur pour faire face à ses charges de famille, tant il a cherché à vivre dans l'amour de son prochain ?

Eminences, je crois sincèrement que, dans ces conditions, on ne peut pas dire que Galilée gagnait de l'argent pour s'enrichir. Il l'a fait surtout dans sa jeunesse, pour entretenir sa famille, alors que l'Université ne lui versait qu'un salaire de misère. Plus tard, lorsque le doge lui a attribué des émoluments plus importants, il a diminué fortement ses rémunérations extérieures.

Ainsi travaillait-il à Padoue, partageant son temps entre ses cours *ex cathedra*, les cours particuliers aux élèves qui habitaient chez lui, ses expériences, ses réflexions — sa vie.

Mais, Nobles Eminences, ne croyez-vous pas que l'on s'éloigne un peu de l'acte d'accusation ? Est-ce pour chercher à noircir ce génie d'une manière indirecte ? Serait-ce une manœuvre ? Certains voudraient-ils le condamner avant même d'avoir entendu ma plaidoirie — exercice, il est vrai, si nouveau pour vous ?

(Je me demande si je n'ai pas été trop loin ?)

(Un silence pesant suit mon intervention. J'ai le sentiment que j'ai marqué un point. Je reprends :)

— Ensuite, et c'est là sans doute qu'ont commencé ses ennuis sérieux. Galilée a construit une lunette astronomique. Contrairement à ce qui a été parfois suggéré, il n'a jamais prétendu l'avoir inventée.

Lors d'une de ses visites à Venise, il entendit un jour parler d'une lunette fabriquée par des lunetiers d'Amsterdam, formée par l'assemblage de deux lentilles placées aux deux extrémités d'un tube. Cette lunette, lui dit-on, avait pour propriété de grossir trois fois les objets sur lesquels elle était pointée.

Galilée s'en procura une, grâce à la complicité d'un marchand qui faisait un commerce d'épices d'Orient entre Anvers et Venise.

Dès qu'il l'eut démontée, puis examinée, Galilée fut convaincu que son habileté expérimentale, ses connaissances en optique et la collaboration qu'il avait su lier avec les verriers de Murano, lui permettraient de construire un bien meilleur instrument. Quelques semaines plus tard, il fabriqua effectivement une lunette grossissant sept fois puis, un an plus tard, il l'améliora encore, et elle grossissait trente fois. Et par amour de Dieu. Galilée tourna très vite sa lunette vers le ciel.

Là, le spectacle fut immédiatement merveilleux, extraordinaire et insoupçonné. Les étoiles apparurent par milliers et milliers. Le ciel nocturne devint une myriade de points lumineux, les uns plus brillants que les autres. Puis il tourna sa lunette vers la Lune et là il vit que notre astre sœur, qui se déplace sans arrêt autour de la Terre, est constitué par des reliefs et des dépressions circulaires et qui n'ont rien à voir avec l'astre lisse dont nous parlaient jusqu'alors les astronomes, qui n'avaient que leurs yeux pour l'observer.

A ce moment, on commença à lui adresser des critiques sur la fiabilité de la lunette elle-même. Cet instrument ne troublait-il pas la vue? Ne fabriquait-il pas, par des jeux de réflexion et de lumière, des images artificielles n'ayant que peu de rapport avec la réalité?

Cette attaque sur la fiabilité de la lunette vint de toutes parts. De certains de ses propres collègues à

Padoue, qui refusèrent même de mettre l'œil à la lunette de peur d'avoir (soi-disant) la vue déformée à jamais. D'un certain nombre de prêtres, incrédules avant même d'avoir examiné eux-mêmes le problème. Enfin, et c'était pour Galilée la mise en doute la plus douloureuse, de ce protestant, ancien élève de l'illustre Kepler, de nationalité tchèque et répondant au nom de Horki. Cet individu écrivit un texte — je n'ose pas dire un ouvrage — pour qualifier le travail de Galilée à la lunette de nul et de non avenu. Il ne prononça pas le mot escroquerie mais ce fut tout comme.

Galilée en fut cruellement meurtri. Il décida de réagir. Il hissa sa lunette en haut du campanile de Venise et fit observer par de nombreux patriciens et prêtres vénitiens la mer, au niveau de l'horizon. Chacun put apercevoir des navires à fière voilure, invisibles à l'œil nu, mais qui firent leur entrée dans le port trois heures plus tard, à l'émerveillement de tous. Il tourna ensuite sa lunette vers l'église Sainte-Justine-de-Padoue et chacun put y reconnaître le clocher, de forme si caractéristique.

Ces observations purent être faites librement par une vingtaine de personnes que Galilée avait invitées, parmi lesquelles le doge, des conseillers de Venise, divers seigneurs, quelques ecclésiastiques dont trois jésuites fraîchement issus des enseignements du Collège romain, ainsi que deux illustres cardinaux. Tous furent convaincus, et ils le dirent très haut, que la lunette fournissait des images fiables.

Les adversaires ne désarmèrent pas pour autant.

Savez-vous pourtant, Nobles Éminences, qu'à l'aide de cette lunette si controversée Galilée a fait faire à l'astronomie le progrès le plus considérable depuis que cette science existe ? *(Je prends un temps, puis je reprends :)*

— Lorsqu'il tourna sa lunette vers la planète Jupiter, il fit grâce à une observation minutieuse une découverte incroyable. A savoir que Jupiter possède quatre satellites de taille variable qui tournent autour de la planète avec des périodes elles-mêmes variables. Dans un souci d'admiration et de déférence vis-à-vis de Cosme II de Médicis, grand-duc de Toscane, Galilée les a dédiés à la famille de Médicis et les a appelés « satellites médiciens ».

Sans doute aurait-il dû se contenter de cette extraordinaire découverte ? Sans doute n'aurait-il jamais dû tenter d'extrapoler ses observations à d'autres systèmes célestes plus vastes ? Mais il est dans la nature des scientifiques de chercher à généraliser. Peut-être était-il imprudent de tenter une analogie entre quatre petits satellites tournant autour de la grosse planète Jupiter et les quatre petites planètes tournant autour du gros Soleil ? Peut-être était-ce même une faute de raisonnement ? Mais il était pour ainsi dire naturel, pour un homme comme lui, de chercher à le faire, tant sa croyance dans la logique divine est forte. Il est persuadé, dans sa foi totale en Dieu, que les lois de la nature sont générales et rigoureuses.

L'autre observation que fit Galilée et à laquelle, avec d'autres disciples, j'ai eu la chance de participer, fut celle des phases de Vénus. Comme la Lune, Vénus subit des degrés d'éclairage variables et présente donc des quartiers. Ce qui établit clairement que Vénus tourne autour du Soleil, comme l'avait déjà imaginé l'éminent et regretté astronome danois, le très célèbre Tycho Brahé. Y avait-il péché à inventer une lunette pour observer le ciel et se rapprocher un peu plus de Dieu ?

(Je bois un verre d'eau, je m'essuie les lèvres et je poursuis.)

— A ce moment décisif de sa vie scientifique, à cette époque où l'Europe entière lui manifeste intérêt, marques d'admiration et de déférence, Galilée change radicalement de vie universitaire. Il quitte Padoue pour Florence. Il rompt avec une vie pourtant magnifique. Il prend un risque pour revenir dans sa Toscane chérie. Et à Florence, la capitale des arts et des sciences. Quelle consécration ! Là, il devient mathématicien et philosophe extraordinaire du grand-duc de Toscane, et cela à vie. A ce poste prestigieux s'ajoute celui de professeur exceptionnel à l'université de Pise. Aucun scientifique italien n'avait jamais reçu autant de marques de reconnaissance, d'estime et de gratification. Et Galilée était d'autant plus sensible à ces honneurs qu'ils lui étaient reconnus par sa mère patrie, dont sa famille avait été une des fondatrices.

Pourtant, dès son arrivée — son retour —, ses collègues de l'Université vont attirer sur lui des ennuis fort désagréables. Les doutes sur la fiabilité de la lunette et le caractère illusoire des observations astronomiques reprennent, plus virulents encore qu'à Padoue. Sous l'impulsion d'un professeur, pourtant sans mérite particulier, Ludovic de la Colombe, des rumeurs, des textes apocryphes, des mensonges sont répandus un peu partout contre lui. Au début, Galilée ne prend guère au sérieux ce qu'il considère comme des combats d'arrière-garde, ou des manifestations de jalousie universitaire. Puis, lorsque ces rumeurs atteignent le palais ducal, il s'énerve. Il demande au Collège romain de dire publiquement ce qu'il pense de la lunette et de ses découvertes astronomiques.

Il écrit dans cet esprit à son ami le père Clavius, un saint homme, au savoir infini, hélas aujourd'hui disparu, qui était le professeur le plus respecté du Collège. Comme vous le savez, le Collège va répondre à cette demande au-delà des désirs exprimés par Galilée. Tout d'abord, sous la houlette du père Christophe Clavius, le Collège confirme la fiabilité totale de la lunette ainsi que les observations faites par Galilée en astronomie.

Allant plus loin dans la reconnaissance officielle, les jésuites savants l'invitent à Rome en 1611 et décernent à Galileo Galilei le titre de docteur *honoris causa* du Collège romain. Ce titre, le premier décerné par l'illustre institution universitaire, montre bien dans quelle estime les savants de la Compagnie de Jésus tenaient alors Galilée. Eminences, j'ai rassemblé ici pour vous les textes des discours prononcés à cette occasion. Deux d'entre eux émanent de deux éminents cardinaux. Cela afin de vous montrer, d'une part, quelles étaient les découvertes déjà faites par Galilée, et d'autre part, l'estime considérable dans laquelle il était tenu par les Jésuites eux-mêmes.

Si j'insiste sur cet épisode glorieux de la vie de l'homme que je défends, c'est bien sûr parce que les jeunes jésuites, qui aujourd'hui se font les accusateurs zélés de cet homme, semblent avoir oublié l'histoire, mais aussi le respect scientifique et l'admiration intellectuelle qu'ils doivent à Galilée et que leurs aînés avaient pour lui. Ces mots de *respect* et d'*admiration* ont été choisis avec soin. Qu'en est-il de ces sentiments aujourd'hui ? Permettez-moi de vous dire que l'attitude des jeunes jésuites d'à présent contraste singulièrement avec celle d'hier, même si j'admets — et j'y reviendrai — que Galilée n'est pas sans reproche.

Au cours de ce même séjour à Rome, la nouvelle et déjà très respectée Académie des Lynx a élu Galilée parmi ses membres. Le président de cette académie, le comte Cisi, lui a remis le très envié anneau académique, complétant par là la reconnaissance éclatante du Collège romain.

Pourtant, dès le retour à Florence, après cette quinzaine qui avait pourtant pris les allures d'un triomphe romain, les cabales reprennent de plus belle. Aux collègues de l'université de Pise se sont joints les dominicains de l'Inquisition de Florence.

Cette collusion est extrêmement importante à souligner pour ce qui concerne ce procès car elle marque, elle date, un processus.

Depuis longtemps Galilée a été l'objet de l'hostilité de certains de ses collègues, soit métaphysiciens, soit aristotéliciens stricts.

Cette hostilité était sans doute un mélange de refus du progrès et de jalousie. *(Je me dis que les attitudes dans l'Université d'aujourd'hui n'ont guère changé.)* Mais pendant longtemps les manifestations en restaient circonscrites au monde universitaire.

A partir de cet épisode, les universités ennemies vont fournir des arguments, des documents aux ecclésiastiques hostiles. *(J'hésite un moment, puis je me dis, tant pis, il faut y aller!)* Je suis sûr, Très Respectés Eminences que ce mécanisme est pour beaucoup dans le procès d'aujourd'hui et que beaucoup de pièces à conviction, surtout lorsqu'elles sont anonymes, émanent de collègues de Galilée, de Padoue aussi bien que de Pise!

Ce sont eux qui ont en grande partie nourri l'hostilité de certains ecclésiastiques. Les pères Lorini et Caccini ont commencé à se déchaîner publiquement contre lui, le père Caccini allant jusqu'à prêcher en chaire le jour de la Toussaint à l'aide d'une formule qu'on aurait pu croire extraite de la Bible, plus précisément des Actes des apôtres (chapitre I, verset 11) : « Homme de Galilée, pourquoi restez-vous ainsi à regarder le ciel? », et qui n'était que le début d'une violente diatribe anti-Galilée. Mais par qui étaient-ils incités?

L'idée répandue auprès des fidèles et inventée par les « chers collègues » était que Galilée cherchait à développer une nouvelle hérésie fondée sur les découvertes faites à l'aide de la lunette astronomique. Il aurait inventé une prétendue admiration mystique et hérétique du ciel!

Cela, Nobles Eminences, est une accusation à la fois gratuite et fantaisiste, comme je le démontrerai facilement, car aucune preuve, je dis bien aucune preuve, n'a pu être apportée à l'appui de cette thèse.

*

— Le second épisode que le Grand Accusateur a utilisé concerne deux lettres écrites à moi-même, puis à la grande-duchesse Christine de Lorraine. Ces lettres étaient, de la part de Galilée, des maladresses. Je le reconnais et j'y reviendrai.

— Mon père, dit alors l'Inquisiteur, je comprends votre zèle à défendre Galileo Galilei, mais ce zèle, que vous exprimez d'ailleurs avec beaucoup de talent, ne doit pas vous conduire à travestir la vérité.

(Il développe son idée, revenant sur le même point :)

— On ne saurait qualifier de maladresse d'avoir affirmé que la rotation de la Terre autour du Soleil est démontrée et que les Anciens comme Platon, Pythagore ou Aristarque de Samos l'avaient déjà bien comprise, ce qui a l'air de placer l'Eglise et le concile de Trente dans le camp des ignorants. Allant plus loin encore, Galilée a osé proposer une nouvelle interprétation métaphorique des Ecritures, se substituant donc du même coup à l'Eglise ou, si l'on veut, se plaçant au-dessus d'elle! N'est-ce pas vrai et établi?

(Le père Castelli, sous l'identité duquel je me cache, reprend avec une révérence, et sans ménager les titres d'honneur.)

— Très Grand, Illustrissime et Vénéré Grand Inquisiteur, je crois que tout ce que vous venez de dire peut dans un certain sens être présenté comme exact et correspond dans une certaine mesure à une apparente vision de la vérité. C'est, je n'en doute pas, en toute bonne foi que vous l'affirmez. Pourtant, la vérité substantielle est sans doute un peu différente et sans doute plus subtile.

Comme je vais m'efforcer de le montrer, et c'est là le contenu essentiel que j'attribue au mot « maladresse », toutes ces actions, Galilée a cru les entreprendre dans l'intérêt même de l'Eglise, intérêt peut-être mal compris, évaluation sans doute détournée de la vérité, mais jamais, je vous l'assure, avec l'intention de nuire à notre religion. Il voulait au contraire renforcer son prestige et son rayonnement. Comment sans cela aurais-je pu rester son ami ? *(J'espère que ma robe et ma réputation vont adoucir les plus durs.)*

Galilée donc a écrit ces deux lettres. La première, en 1613, à moi adressée, était une sorte de mise au point, de démonstration que le système de Copernic paraissait infiniment plus élégant, du point de vue mathématique et logique, que celui de Ptolémée. A partir de là, Galilée s'est interrogé sur la réalité du système de Copernic et sur l'argumentation qu'on pouvait développer pour et contre cette réalité. Galilée fit alors remarquer, et sans doute y avait-il trop d'audace dans cette démarche, que l'Epître à Josué fréquemment évoquée par les théologiens comme contraire à la mobilité de la Terre et à la fixité du Soleil, pouvait être interprétée de manière métaphorique, comme d'autres chapitres de la Bible l'avaient été antérieurement. Ne parle-t-on pas de la main de Dieu ? Mais Dieu n'a pas de mains ! On ne peut donc considérer ce passage, au demeurant assez bref, comme un obstacle absolu et dirimant à la théorie de Copernic. J'ai eu tort de laisser diffuser le contenu de cette lettre, qui a fait certes beaucoup de mal à Galilée, mais je l'ai fait en toute bonne foi, tant je pensais qu'elle apporterait une véritable clarification de ses intentions véritables et notamment de sa bonne fois vis-à-vis de l'Eglise.

Sans vouloir excuser ni la démarche de Galilée ni ma maladresse, je suis obligé de noter que cette lettre fut un prétexte à des pratiques douteuses et indignes de la part des adversaires de Galilée. Des esprits malveillants y ont en effet découpé des citations tronquées, des phrases altérées, des expressions éloignées de leur contexte, afin d'en faire autant d'arguments pour accuser Galilée de tous les maux et notamment de pratiques hérétiques.

Des pamphlets écrits selon ces méthodes condamnables ont circulé à Florence chez les ecclésiastiques, mais aussi chez les fidèles, et dans les couloirs du palais, jusqu'à atteindre les plus hauts personnages de la ville. On disait que la grande-duchesse Christine prêtait une oreille bienveillante à ces rumeurs. On disait aussi que le propre archevêque de Florence, Mgr Meza Médicis, réunissait régulièrement dans sa demeure les adversaires déclarés de Galilée, des universitaires comme Ludovic de la Colombe ou Boscaglia, des moines comme Lorini, Catini et aussi des inquisiteurs dont les noms ne nous ont pas été révélés. Le but de ces réunions aurait été d'accumuler des arguments contre Galilée. Je refuse bien sûr d'ajouter foi à ces racontars, mais leur diffusion même en montrait le caractère malfaisant et malveillant.

Le grand-duc Cosme, aujourd'hui hélas décédé, et qui, comme vous le savez, aimait beaucoup Galilée, recommanda une rencontre entre lui et ses détracteurs identifiés — ils ne l'étaient pas tous, bien sûr. Galilée l'accepta sans hésitation, preuve qu'il n'avait aucune intention maligne ! La rencontre eut lieu dans une salle du palais ducal. Elle fut très décevante. Eminences, puis-je vous dire que j'ai moi-même assisté à cette rencontre et que j'y ai participé ? Puis-je vous livrer mes impressions ? *(Un signe de tête approbatif du président m'invite à poursuivre.)*

Elle fut courtoise et, pourrait-on dire, exagérément retenue. Galilée demanda à ses détracteurs quels étaient les griefs précis qu'ils lui reprochaient. Ses détracteurs étaient gênés, intimidés, impressionnés sans doute. Eux, si véhéments et péremptoires dans leurs pamphlets, semblaient soudain paralysés en face du grand homme. Certes, quelques reproches mineurs furent exprimés, surtout de forme, en évitant bien sûr le fond. Galilée leur répondit facilement et l'entrevue s'arrêta là. On croyait le problème réglé, tout au moins provisoirement. Pourtant, le lendemain les critiques redoublèrent. Elles étaient anonymes, mais le style même ne laissait aucun doute sur leur origine.

Je m'en ouvris à la grande-duchesse qu'une piété sincère conduisait à visiter régulièrement notre couvent. Je lui fis part de ces événements. Après m'avoir dit qu'elle-même était troublée par les critiques des théologiens, qu'elle tenait pour de grands et très respectés catholiques, elle me suggéra que Galilée lui écrive une lettre afin de préciser exactement sa position.

« Ainsi, personne ne pourra déformer ses propos ! » me dit-elle.

C'est dans ce contexte que Galilée écrivit la fameuse lettre à Christine de Lorraine. Le contenu n'était pas très différent de la lettre qu'il m'avait envoyée, mais le ton y était plus ferme et sans aucun doute un peu trop péremptoire. De plus, il revenait abondamment sur la nécessité de faire une nouvelle lecture de la Bible, entièrement sous forme métaphorique !

La lecture de cette lettre choqua, à n'en pas douter, la grande-duchesse. Consulté par sa mère, le duc lui fit savoir que Galilée était un grand homme, qu'il était son philosophe et son mathématicien et donc qu'il fallait le laisser en paix, ne pas l'importuner. Mais Christine, poussée sans doute par ses nombreux amis dominicains à qui elle révéla très certainement le contenu de la lettre, la transmit directement à l'Inquisition, non seulement à Florence, mais au siège central de Rome.

Le mécanisme que vous ne connaissez que trop bien se déclencha. La Sainte Inquisition se mit en route, décida de se documenter et de connaître ce que Galilée croyait réellement, ce qu'il disait, ce qu'il enseignait. Un processus se mettait en marche.

Pourtant, les interrogations que pratiqua le Grand Inquisiteur de Florence, et plus particulièrement celle du père Ximenes, puis du père Attavanti, n'ont rien prouvé. Alors que des rumeurs malveillantes prétendaient que ces deux pères avaient entendu Galilée lui-même proférer des propos hérétiques, et notamment celui selon lequel Dieu était accident et non pas essence — ce qui évidemment est une absurdité que ne saurait évoquer un homme aussi intelligent que Galilée, les deux pères ont bien affirmé qu'ils n'avaient jamais entendu proférer pareils propos par lui. Mieux même : le père Ximenes affirma n'avoir jamais rencontré Galilée de sa vie! Cela pour vous dire que le climat savamment entretenu contre Galilée était plus le fruit de la jalousie, de l'ignorance, de rumeurs infondées et de la malveillance que du savoir et de la rigueur.

A ce sujet, et bien que j'aie le plus grand respect pour l'ordre de saint Dominique, je suis obligé de mentionner devant ce tribunal l'attitude à mon avis peu chrétienne du père Nicolo Lorini. Que Dieu me pardonne!

Alors qu'au cours de l'entrevue avec Galilée, organisée par le grand-duc, ce père avait affirmé ne rien avoir à reprocher à Galilée, il écrivit quelques jours plus tard — j'ai vérifié les dates — à la Sainte Inquisition romaine — et non plus à Florence — une lettre de dénonciation.

Mais savez-vous que cette lettre, dont le Grand Inquisiteur m'a donné connaissance, car elle est versée au dossier, est étrange, et que le père Lorini ne connaît même pas le nom de Copernic ? Il écrit : « Galilée défend la théorie hérétique d'un soi-disant Ippernico. » Comment peut-on critiquer un auteur dont on ne connaît pas le nom et dont, très certainement, on ignore tout de l'œuvre ? L'ignorance est au cœur même de cette obscure vengeance. Car le vrai mobile, au fond, de ce triste courroux, c'est l'envie. L'envie de la renommée, de la gloire scientifique, l'envie de l'amitié du grand-duc, l'envie du respect que Galilée inspire dans toute l'Europe, l'envie, Eminences, des amicales et respectueuses relations qu'il entretient dévotement avec l'Eglise, le Vatican et, j'ose le dire ici, avec certains cardinaux.

A ceux-là, je me permets de répéter encore et toujours : que seraient la physique et l'astronomie, dans notre pays, si Galilée n'avait pas existé ? Que serait la place intellectuelle de la république catholique, face aux hérésies de toutes sortes qui ne manquent pas de savants, sans Galilée ?

Sans doute a-t-il eu tort, je le confesse, et aujourd'hui il s'en repent, de s'être engagé dans le très difficile chemin de l'examen des textes liturgiques sans avoir reçu une formation théologique en bonne et due forme, et la permission expresse de l'Eglise. Sans doute a-t-il eu tort de défendre avec enthousiasme l'élégance mathématique de la théorie de Copernic qui, notons-le, est exposée dans un livre écrit par le célèbre moine il y a cinquante ans et que notre Eglise n'avait jamais condamné ni même critiqué jusqu'alors.

Ce livre a été lu et apprécié par des centaines de lettrés, de clercs et de prélats. Le reproche principal que l'on peut y faire est la difficulté de lecture. Pourquoi donc avoir fait resurgir cette question de Copernic après cinquante ans de bienveillance ?

En effet, à la suite de toutes ces lettres, de toutes ces dénonciations, s'ouvrit à Rome en 1615, au Saint-Office de la Congrégation des Rites, une discussion ayant pour sujet la doctrine de Copernic comparée à celle de Ptolémée.

Galilée n'y était pas officiellement convié, ni explicitement concerné ou mentionné, même si, à n'en pas douter, les lettres de dénonciation et la lettre à Christine de Lorraine avaient joué un rôle dans le déclenchement de ce débat.

Dès qu'il en fut informé, Galilée vint à Rome courageusement, de lui-même, pour expliciter ses positions. On ne lui avait rien demandé, mais par honnêteté intellectuelle, il y tenait.

L'ambassadeur de Florence n'était pas favorable à cette venue, qui risquait d'être prise pour de la provocation, mais devant l'insistance de Galilée, le grand-duc lui donna l'autorisation d'aller à Rome et lui offrit le soutien matériel de l'Etat florentin, c'est-à-dire l'hospitalité et l'appui de l'ambassade de Florence. Croyez-vous, Eminences, qu'un homme ayant des intentions mauvaises vis-à-vis de notre Sainte Mère l'Eglise serait venu spontanément à Rome ?

Galilée, à Rome, se démena sans compter, acceptant les débats, les rencontres, les confrontations dans un but purement pédagogique : bien expliquer le texte de Copernic dont la lecture était très difficile pour les non-spécialistes. L'Inquisition ignora Galilée, aussi bien son expertise que son opinion.

Comme vous le savez, cette enquête, qu'on ne peut qualifier de procès, eut pour résultat de mettre à l'Index l'œuvre de Copernic, *Les Révolutions des orbes célestes*, en attendant d'y apporter les corrections nécessaires pour qu'elle ne présentât plus aucune contradiction avec les Saintes Ecritures. L'œuvre de Diego de Zuniga sur Job, et les écrits de Paulo Antonio Foscarini, furent aussi mis à l'Index. Il y eut du même coup « injonction publique », interdisant d'enseigner ou de déclarer pour vraie et véritable la doctrine suivant laquelle le Soleil était au centre de l'univers, et que la Terre tournait autour de lui.

Encore une fois, de Galilée il ne fut pas question, dans aucun document officiel.

L'accusation s'est fortement appuyée sur cet épisode dans son réquisitoire pour l'accuser de parjure. Or, c'est une erreur. Une grave erreur comme nous le montrerons tantôt.

*

— La période qui suivit cette année 1616 fut, pour Galilée extrêmement pénible. Sa santé ne faisait qu'empirer, avec des périodes de fièvres, des maux de reins, des crises de goutte. L'activité de mon maître et ami s'est donc considérablement ralentie. Tout cela retentit sur son caractère, qui, je vous l'accorde, est parfois difficile comme le sont souvent ceux des fortes personnalités, sans doute un peu orgueilleuses.

C'est au cours de cette période que se sont développées les polémiques importantes sur l'origine des comètes, polémiques qu'il eut avec le père jésuite Orazio Grassi, directeur du Collège romain. Je reviendrai sur la polémique portant sur les comètes, puisque le Grand Inquisiteur en fait un argument d'accusation.

Je confesse volontiers que cette polémique fut inutile et mal préparée. Galilée a agi sans doute un peu rapidement, sous l'emprise de la douleur — il était malade —, du défi — il ne pouvait pas observer — et de l'agacement — Grassi affirmait des contresens scientifiques. Galilée n'aurait certainement pas dû engager cette polémique et nous le regrettons aujourd'hui.

Galilée se redresse une fois encore pour s'écrier :

— Castelli, vous ne pouvez pas dire cela en mon nom ! Vous savez très bien que les écrits d'Orazio Grassi étaient un tissu d'âneries !

(Essayant de lui faire comprendre qu'il me gêne par ses interventions, je lui dis :)

— Maître, même si je comprends votre réaction, je vous demande de ne pas intervenir dans ma plaidoirie. S'il vous plaît.

(Mais il ne m'écoute pas, il ne m'entend pas :)

— « Galilée, taisez-vous ! Galilée, taisez-vous ! » Je n'ai entendu que ça toute ma vie ! Mes collègues, les jésuites, Christine de Lorraine, vous maintenant, tout le monde n'a qu'une idée : me faire taire !

— Sans beaucoup de succès, apparemment, lui dis-je. Je vous en prie, cher maître, laissez-moi expliquer à ce tribunal les petites zones d'ombre qui existent, parmi l'éclat exceptionnel de votre génie, afin de mieux faire comprendre au tribunal la genèse de vos ennuis, mais aussi votre bonne foi et votre sincérité constante.

(Je reprends le cours de ma démonstration :)

— Cette controverse a sans nul doute eu pour effet de mobiliser la Compagnie de Jésus contre Galilée. D'amis sincères, les jésuites sont devenus des adversaires résolus. Et comme ceux qui avaient toujours manifesté de l'admiration et de l'amitié à Galilée, Christophe Clavius, Roberto Bellarmin ou Claudio Aquaviva, n'étaient plus là pour calmer le jeu. Comme Galilée lui-même ne se prête guère au compromis, les choses se sont en envenimées. Est-ce la faute du seul Galilée, comme le sous-entendent ou le disent les pères jésuites ?

Nous aurons l'occasion de reparler de ce débat entre un vieil homme malade, mais toujours fier et susceptible, et une poignée de jeunes novices sans indulgence aucune. Il y a quelques mois, un membre éminent du Sacré Collège a, paraît-il, parlé de l'« arrogance jésuite ». On le susurre en tout cas. Je ne saurai reprendre à mon compte ce qualificatif trop fort, mais qui nous donne tout de même un signe de ce que la Curie est préparée à entendre sur cet ordre. Sa Sainteté elle-même n'a-t-elle pas dit publiquement : « Dans l'Eglise il n'y a pas d'ordre qui soit supérieur aux autres. Il n'est pas bon qu'un ordre puisse le croire, quelles que soient ses qualités » ?

Naturellement tout le monde a compris qui était visé !

*

(Le cardinal Borgia se lève alors pour me dire avec sévérité :)

— Père Castelli, nous ne saurions tolérer que vous salissiez un ordre respectable, qui n'est certes pas le vôtre, mais que nous sommes ici plusieurs à bien connaître, en faisant état de ragots et de rumeurs, faute d'arguments sans doute.

(Il se fait rappeler à l'ordre par le président :)

— Excellence, le père Castelli n'a fait état que de rumeurs que nous connaissons tous ! Cela dit, père Castelli, je vous demande de centrer votre plaidoirie sur des faits et non sur des rumeurs.

(Je reprends, dans une attitude toujours modeste, sentant autour de moi des tensions et des rivalités de toutes sortes :)

— Très bien, Excellence. Je m'efforcerai de rester strictement au niveau des faits. Tout cela n'était rapporté que pour replacer le cas qui nous préoccupe dans un contexte plus général, car à mon sens l'ambiance a joué un rôle très important dans l'acte d'accusation.

Le fond du débat était la mise en opposition de la théorie de Copernic, qu'expliquait Galilée, et celle, non pas de Ptolémée, mais de Tycho Brahé, adoptée et défendue depuis dix ans par les jésuites du Collège romain.

La théorie de Tycho Brahé, nous le savons, est un compromis entre la théorie de Copernic et celle de Ptolémée. Tycho fait tourner les planètes autour du Soleil, le tout tournant autour de la Terre. Il s'éloigne de Ptolémée, mais ne rejoint pas Copernic.

— Mais pourquoi, demande le cardinal Zacchia, Galilée refusait-il la théorie de Tycho Brahé ? Parce que les théologiens n'y voyaient pas d'inconvénients ?

— Parce que, dis-je en réponse, elle ne lui semblait ni logique ni cohérente ! Comment justifier que d'un côté les petites planètes tournent autour du gros Soleil, puisque le gros astre Soleil tourne autour du petit astre Terre ? Cela paraît bien complexe !

— Mais qui vous dit, reprend le même cardinal, que Dieu a la même logique de raisonnement que les hommes ? Ce qui paraît complexe aux hommes est peut-être extrêmement simple pour Dieu !

— Je ne doute pas, Eminence, de l'absolue et infinie supériorité de l'intelligence de Dieu sur la pauvre et misérable pensée des hommes. Comment le pourrais-je ? Lumière éblouissante d'un côté, obscurité grisâtre de l'autre. Toutefois, j'ai peine à croire qu'il existe deux logiques. La Bible ne dit-elle pas que Dieu a fait l'homme à son image et que seul le péché originel a entaché l'espèce humaine d'un défaut fondamental ? Dieu a doté l'homme de sens, d'organes et d'une intelligence susceptibles de comprendre son message et de se rapprocher de lui. Les secrets du monde lui sont cachés, mais par sa vertu, par sa fidélité aux Ecritures, l'homme peut-être doit les découvrir. C'est bien la preuve qu'il s'agit de la logique de Dieu.

Eminences, je suis prêt, en tant qu'homme d'Eglise et ancien professeur à l'université de Pise, à débattre avec qui le voudra sur la cohérence qui existe entre la pensée divine et celle des hommes, en nous fondant sur la Bible dans toutes ses composantes aussi bien sur le livre de la Genèse que sur les Proverbes ou l'Ecclésiaste.

Si Galilée repoussa le modèle de Tycho Brahé, ce ne fut en aucun cas pour s'opposer à l'Eglise ou au Collège romain. Galilée avait d'ailleurs une très haute opinion de Tycho Brahé, dont il connaissait les observations astronomiques d'une qualité exceptionnelle bien que faites, à l'œil nu, sans l'aide d'aucune lunette. C'est donc avec sympathie que Galilée avait examiné sa théorie. Mais, encore une fois, elle lui paraissait manquer de cohérence.

Dans cette période, je ne saurais trop insister sur la mauvaise santé de mon maître et ami, malade depuis longtemps. Un refroidissement subi dans sa jeunesse, avec deux compagnons qui en moururent, lui a endommagé durablement les poumons. Sa goutte empirait. Il avait des troubles digestifs... La vie ne l'avait guère épargné, comme elle le pratique souvent avec ceux qui prennent de l'âge. Des deuils cruels l'avaient frappé. Dans sa famille d'abord. La mère de ses enfants, bien que beaucoup plus jeune que lui, était morte en 1619. Sa mère, Dame Giulia, en 1620.

Les jésuites de qui il se sentait le plus proche avaient été rappelés à Dieu : Christophe Clavius dès 1612, Roberto Bellarmin en 1621. Terrible année 1621 qui vit mourir le très illustre Bellarmin, lequel avait toujours eu un faible pour Galilée bien qu'il fût un théologien intransigeant. Le très saint et très vénéré pape Paul V, qui avait promis de protéger Galilée, mourut lui aussi, et enfin son ami, son protecteur, l'homme qu'il servait avec dévouement, Cosme II de Médicis, à l'âge de trente ans.

Il se sentait terriblement seul. Lui qui autrefois était si entreprenant et enjoué tombait souvent dans des crises de mélancolie, de lassitude, se considérant victime d'une injuste et inadmissible persécution.

Dans cet état de fatigue et de découragement, il apprit soudain l'élection du cardinal Barberini à la Sainte Béatitude papale, sous le nom d'Urbain VIII.

Il fut aussitôt transporté d'une joie indicible, d'un enthousiasme total. Nous crûmes même qu'il était soudain guéri de tous ses maux. Comme il le dit lui-même, cette élection lui fit plus de bien que tous les élixirs ordonnés par les médecins depuis dix ans. Mais peut-être aussi surestima-t-il la liberté d'action qu'il attendait.

*

Il faut évoquer ici la très ancienne et étroite relation qui existait entre Galilée et Urbain VIII. Cette relation, bien que peut-être plus complexe qu'on ne l'a cru, est sans doute essentielle pour la clarté de ce procès.

Galilée a rencontré le cardinal Barberini pour la première fois à Rome en 1611, alors qu'il venait de vivre cette semaine mémorable qui le vit recevoir le doctorat *honoris causa* du Collège romain et entrer en grande pompe à l'Académie des Lynx. Il fut reçu très chaleureusement par le pape Paul V. A cette occasion, il fit la connaissance du déjà très illustre cardinal Barberini, originaire de Toscane comme lui-même, ancien élève lui aussi de l'université de Pise, né quatre ans après lui. Ce cardinal appréciait le travail scientifique de Galilée, il le lui déclara. Et, puis-je le dire ?, ainsi naquit une mutuelle sympathie entre le savant et le cardinal.

Le hasard fit que les deux hommes se retrouvèrent à Florence quelques mois plus tard, le 2 octobre 1611 exactement, lors d'un dîner chez un ami de Galilée Salviati. Au cours de ce dîner un débat s'engagea sur les corps flottants, à savoir si les corps flottaient en fonction de leur forme ou de leur densité.

Le très illustre cardinal fut très favorablement impressionné par la verve et la clarté pédagogique déployées par Galilée. Il lui écrivit quelques jours plus tard : « Je prie le Seigneur de vous protéger car les hommes de votre valeur méritent de vivre longtemps. Leur longévité est un bien public. »

Depuis lors, ils n'ont cessé de se rencontrer au hasard des voyages de l'un à Florence, de l'autre à Rome, et de s'écrire.

En 1620, le cardinal Barberini composa même en l'honneur de Galilée et de ses découvertes, un poème intitulé *Dangereuse Adulation*, qu'il terminait en se déclarant « frère du savant ».

Galilée, fier de ces compliments, n'en restait pas moins très déférent vis-à-vis de l'éminent cardinal.

Ainsi lui écrivait-il dans une de ses réponses : « N'étant que votre humble serviteur, je baise votre robe avec respect et prie Dieu de vous accorder une fidélité sans partage. »

On comprend pourquoi l'élévation du cardinal au rang de pape, le 6 août 1623, fut pour Galilée une nouvelle extraordinaire. Il savait que Sa Sainteté Urbain VIII était ouverte aux sciences et aux arts. Son accession à la charge suprême constituait donc un bienfait considérable pour le développement scientifique et intellectuel de la chrétienté auquel mon maître est, vous le savez, extrêmement attaché.

Galilée lui dédia immédiatement le dernier ouvrage qu'il venait de terminer, auquel il avait donné le titre de *L'Essayeur*, qui parlait des taches solaires et des comètes.

Sa Sainteté non seulement appréciera l'hommage, mais — je puis le dire ici — elle fut enchantée par la lecture du livre.

*

— Comment pouvez-vous, s'écrie le cardinal Fabrizio Verospio discourir sur les supposées opinions de notre Saint-Père ? Vous n'en savez rien !

(Je m'attendais à une interruption de ce genre, je la souhaitais même. Et c'est avec une sorte de satisfaction secrète — et masquée — que je répondis :)

— Parce que j'ai la preuve de cette opinion. Le maître des cérémonies pontificales, Mgr Virginio Cesarini, a rapporté ces opinions à plusieurs reprises.

Voici par exemple ce qu'il écrivit à Galilée en 1623 : « Votre cote est au plus haut auprès de notre Seigneur, qui se fait lire à table vos écrits. Par la même occasion j'en profite aussi, car je partage les honneurs qui vous sont rendus, et je me réjouis avec vous de voir votre nom promis à l'immortalité et notre âge, grâce à votre plume, s'élever au sommet de la gloire. »

Mgr Ciampoli ne pouvait pas demeurer en reste. Camérier secret du pape, il était bien placé pour connaître quelques-unes des réactions du souverain pontife. Or, il écrivait à Galilée le 4 novembre 1623 : « L'impression de votre œuvre étant terminée, j'ai saisi cette occasion pour en parler à notre Seigneur le pape : je lui en ai lu quelques pages, qui lui ont beaucoup plu. Ces messieurs qui les ont vues les admirent et les louent grandement. Quant à moi, j'éprouve un plaisir infini à constater qu'il est rendu un juste hommage à votre personne et à vos travaux. »

Il continue un peu plus loin — je vous demande de m'écouter : « Ici on attend quelque autre fruit de votre génie : si vous pouviez vous résoudre à faire imprimer ces idées qui sont encore dans votre esprit, je suis persuadé qu'elles seraient des plus agréables à Sa Sainteté, qui ne cesse d'admirer la hauteur de vos concepts et de vous conserver son entière affection, comme aux temps passés. Ne privez donc pas le monde de vos méditations, à un moment où vous pouvez les exprimer librement... »

On dit que Sa Sainteté appréciait particulièrement le style de Galilée et les diverses métaphores qu'il développait dans ce livre.

Encouragé, Galilée décida de venir à Rome. Il y arriva le 23 avril 1624 et, honneur insigne que je me permets de souligner à l'intention de ce tribunal, il fut reçu dès le lendemain, en audience privée, par le pape.

La chaleur de l'accueil fut exemplaire. Le pape invita Galilée à parcourir avec lui — aux yeux de tous — les jardins du Vatican pendant une heure entière ! Jalousie, ô jalousie : voilà un mot que Vos Eminences doivent retenir, et qui n'est certainement pas étranger aux lettres d'accusation envoyées à l'Inquisition !

Le pape, Sa Sainteté Urbain VIII, reçut Galilée six fois encore après cette première audience. Six fois !

Au cours de ces rencontres, Galilée souleva la question de l'injonction de 1616 relative à la théorie de Copernic. Il mit en évidence devant le pape ses correspondances avec les Français, les Espagnols, les Allemands et les Anglais, pour montrer que cette injonction était restée lettre morte en Europe et n'avait eu d'effet qu'en Italie. Il montra au Saint-Père combien cette injonction avait fait perdre de temps à la recherche scientifique italienne.

Galilée se souvenait que le cardinal Barberini s'était, avec le noble cardinal Bonifazio Gaetani, opposé au décret de 1616 mettant l'œuvre de Copernic à l'Index. Ils avaient obtenu que le mot d'hérésie ne fût pas prononcé à l'encontre de Copernic. La thèse de l'immobilité centrale du Soleil avait été simplement qualifiée de « fausse et contraire aux Ecritures ». Bref, il partageait de nombreux points de vue avec le Saint-Père.

D'ailleurs, lorsque le 8 juin Galilée repartit pour Florence, le souverain pontife n'hésita pas à écrire à Ferdinand, nouveau grand-duc de la ville : « Nous embrassons avec un paternel amour ce grand homme dont la renommée brille dans les cieux et s'étend au loin sur la Terre. »

Voici la lettre, je la dépose entre vos mains, vous pouvez la lire à votre aise.

*

(Les membres du tribunal se saisissent de la lettre, la parcourent, la font passer de main en main. Certains la négligent, n'y jetant même pas un coup d'œil.)

(Tout en les observant, je continue :)

— Au cours de ces entretiens, Sa Sainteté avait indiqué à Galilée sa volonté de moderniser l'Eglise — seul moyen, disait-il, de résister efficacement à la Réforme — et, pour cela, de faire de l'Eglise catholique la référence en terme de modernité des connaissances. Il invitait Galilée à l'aider dans une tâche qu'il considérait comme très ardue.

C'est dans le secret de ces entretiens que le pape incita Galilée à écrire un ouvrage qui expliquerait les fondements et le fonctionnement tout à la fois du système de Ptolémée et de celui de Copernic, d'une manière claire et accessible à tous.

Certes, le Saint-Père ne doutait pas à ce moment de la véracité du système de Ptolémée, comme l'avait réaffirmé le concile de Trente, mais il pensait que l'enseignement du système de Copernic, et son élégance mathématique, faisaient partie de la culture générale d'un scientifique de ce siècle-là.

Au cours de ces entretiens apparut donc l'idée d'écrire un traité d'astronomie portant sur les divers systèmes du monde. Sa Sainteté recommanda à Galilée d'expliquer les deux systèmes, mais sans prendre position pour l'un ou l'autre.

Galilée informa le Saint-Père de son projet d'écrire le livre sous forme de dialogue. Bien que trouvant le procédé un peu désuet et plus guère utilisé depuis le *Timée* de Platon, le pape donna son accord.

Encore une fois il recommanda à Galilée d'exposer tout à la fois la théorie de Ptolémée et celle de

Copernic mais en gardant une stricte neutralité, en évitant de dire que le modèle de Copernic décrivait la réalité. C'est dans ce cadre et cet état d'esprit que fut écrit le *Dialogue.*

Le texte fut soumis au père Riccardi, maître du Sacré Palais, membre de l'ordre de saint Dominique et connu pour ses savantes dissertations en théologie. Il connaissait admirablement les œuvres de Galilée, pour la bonne raison qu'il avait préfacé son ouvrage précédent, *L'Essayeur.* Il était considéré à l'époque, et il l'est encore aujourd'hui, comme un des théologiens les plus compétents du Saint-Office.

Riccardi demanda à Galilée des modifications. Galilée s'y prêta sans difficulté. Il ajouta même une introduction très claire sur sa position vis-à-vis de la théorie de Copernic.

Je ne vous cache pas, Eminences, que les poursuites intentées par la Sainte Inquisition contre le livre le *Dialogue* nous ont surpris et étonné, car elles paraissent décalées par rapport au contenu réel du livre, comme je vous l'exposerai bientôt.

Je vous demande un instant de repos.

*

(Je prends le temps de boire un autre verre d'eau. Après les explications historiques, j'en arrive au cœur de ma plaidoirie. Sans perdre aucune des formes illusoires du respect, je commence ainsi :)

— Très Illustres Eminences, très respecté tribunal. Après cette longue introduction destinée à replacer ce procès dans un contexte à la fois historique, scientifique et personnel exceptionnel, qui entoure cet individu hors du commun qu'est Galileo Galilei, je voudrais à présent examiner méthodiquement l'acte d'accusation que le Grand Accusateur a eu l'élégance de me transmettre avant même qu'il ne le prononce devant vous.

Les griefs reprochés à Galilée sont, si je compte bien, au nombre de neuf. Après les avoir résumés, je tenterai, malgré mes humbles moyens, d'y répondre point par point, avec le maximum de précision, afin d'éclairer pleinement le jugement de cet auguste tribunal.

1. Il est reproché à Galilée d'avoir affirmé que le Soleil est au centre de l'univers et que la Terre tourne sur elle-même et autour de lui, en lieu et place de la théorie admise par tous depuis Ptolémée, et notamment par la Sainte Eglise depuis le concile de Trente où cette théorie a été explicitement confirmée, à savoir que la Terre étant le centre du monde, elle siège immobile et majestueuse au centre de l'univers, et que c'est le Soleil qui, comme la Lune, tourne autour d'elle.

2. Il lui est reproché d'avoir, pour enseigner ces erreurs, entretenu des relations coupables avec des hérétiques notables. D'abord, en 1598, avec le frère Giordano Bruno le Nolain, dont l'hérésie a été extirpée par le feu à Rome en 1600 et qui se trouvait à Padoue à l'époque où Galilée y enseignait.

D'avoir ensuite entretenu une correspondance suivie avec l'hérétique protestant Johannes Kepler, aujourd'hui décédé, qui fut astronome impérial auprès de l'empereur Rodolphe.

3. De s'être permis, sans aucune qualité, notamment dans les lettres adressées à moi-même et à Christine de Lorraine, de proposer des interprétations personnelles de la Sainte Bible et d'avoir même prétendu que la compréhension littérale du livre sacré n'était faite que pour les ignorants et les vulgaires.

4. D'avoir, poursuivant dans cette ligne, remis en cause dans ces mêmes lettres le véritable sens et la véritable autorité de l'Eglise, restreignant son magistère à l'élaboration de recettes pour le salut des âmes tout en lui interdisant de contrôler, vérifier et valider l'ensemble du champ de la connaissance et du savoir, comme le lui a explicitement attribué le concile de Trente. Galilée aurait, paraît-il, cherché à ériger la science en véritable religion, parallèlement à celle qui est fondée sur les livres sacrés.

5. D'avoir enseigné et développé dans un de ses ouvrages la théorie sur les atomes mettant en cause le processus physique de la transsubstantiation lors de l'eucharistie, qui est un des fondements du dogme de la Sainte Eglise, nié par l'hérésie protestante. Par là même, Galilée aurait commis un des crimes hérétiques les plus condamnables.

6. Le Grand Accusateur a aussi affirmé comme grandissime faute, commise par Galilée, celle de s'être parjuré. D'après l'acte d'accusation, Galilée n'aurait pas respecté l'injonction qui lui aurait été notifiée en 1616 de ne pas diffuser ni enseigner sous

aucune forme la doctrine de Copernic. Cela alors même que le cardinal Roberto Bellarmin aurait signifié cette injonction à Galilée en personne.

7. Il est aussi reproché à Galilée d'avoir fait imprimer son dernier ouvrage, le *Dialogue*, sans autorisation formelle. Pour être plus précis, le Saint-Père, puis le père Riccardi lui auraient signifié d'imprimer ce texte à Rome sous le contrôle du Vatican. Galilée aurait contrevenu à cette instruction en faisant imprimer son ouvrage à Florence. Ainsi le père Riccardi et son adjoint le père Visconti n'auraient pas eu la possibilité de vérifier si les modifications demandées au texte avaient bien été incorporées.

8. L'accusation extrêmement grave qui est portée contre Galilée serait d'avoir cherché constamment à affaiblir l'autorité de l'Eglise, cela de manière répétée et depuis longtemps. Cette tentative se serait manifestée, depuis les premières années d'enseignement du professeur Galilée à Pise, puis à Padoue, dans la critique systématique des théories d'Aristote sur la chute des corps, puis, plus tard, sur sa vision du ciel dans les débats multiples concernant les observations astronomiques. Débat sur les taches solaires, débat sur les comètes et puis, bien sûr, comparaison de la théorie de Copernic avec celle de Ptolémée.

9. Mais, sans aucun doute, une des accusations les plus graves est d'avoir trompé sciemment Sa Sainteté le pape ; d'avoir abusé de sa sainte indulgence, de l'intérêt particulier qu'il portait depuis longtemps à Galilée, pour écrire un livre qui ridiculise les positions théologiques défendues par Sa Sainteté. A une

époque où notre Eglise doit faire front contre une hérésie protestante agressive, une tentative d'affaiblir Sa Sainteté, même par des écrits, pourrait apparaître comme particulièrement malvenue et pour tout dire criminelle.

Nous réfuterons cette accusation avec un soin particulier, tant elle serait grave, mais aussi parce qu'elle est incroyablement éloignée de la pensée profonde de Galilée, qui nourrit pour Sa Béatitude Urbain VIII une particulière dévotion, admiration, affection et soumission, comme je l'ai déjà évoqué.

*

(J'ai récapitulé tous les reproches, en finissant par le plus grave. Un dernier regard à mes notes et je me lance :)

— Très vénérés cardinaux, très chers pères et frères, je vais m'efforcer de démontrer point par point que, si Galilée a pu commettre des fautes dans son expression, son langage ou même ses écrits, s'il a pu commettre parfois le péché d'orgueil, cela n'a été qu'accidentel et véniel, et ne reflète en rien l'attitude pieuse et soumise à l'Eglise du grand homme, car il faut bien lui donner le titre qui lui revient.

Si vous me le permettez, je suivrai pour cela un ordre différent de celui développé par le Grand Inquisiteur.

Je commencerai par l'accusation d'avoir maintenu des relations coupables avec le défunt frère hérétique Giordano Bruno et l'astronome impérial Johannes

Kepler, hérétique réformé, accusation suivant laquelle ces contacts lui auraient inculqué la fausse doctrine de Copernic.

Cela relève d'un procès d'intention, qui repose sur des coïncidences ou des apparences trompeuses, et non sur une quelconque réalité.

Il est exact que Giordano Bruno était à Venise en 1592, l'année même où Galilée y arriva pour occuper un poste de professeur. Galilée l'a rencontré une fois, alors qu'ils étaient tous deux allés assister à une *disputatio*. Ils se sont parlé, ce qui n'était nullement interdit, puisque l'Eglise n'avait pas à cette époque accusé Bruno des horribles crimes et hérésies pour lesquels il fut, plus tard, condamné puis purifié par le feu en l'an 1600, ici même à Rome.

Mais cette conversation ne déclencha en rien ce qu'on pourrait appeler une amitié, ni même une affinité. Les témoignages écrits que nous avons recueillis des anciens élèves de Galilée à Padoue, et que j'ai remis au tribunal, attestent qu'il considérait Bruno comme un penseur exalté, affirmant beaucoup de choses sous le coup de l'intuition, mais en aucun cas comme un scientifique cherchant à expérimenter, à calculer et à démontrer ces intuitions. D'ailleurs, après cette brève rencontre, ils ne se sont jamais revus, pas plus qu'ils n'ont correspondu.

Quant à l'accusation suivant laquelle Bruno aurait instruit Galilée sur la théorie de Copernic, elle peut être facilement écartée puisque, bien avant d'avoir rencontré Bruno, alors qu'il enseignait encore à l'université de Pise, Galilée exposait déjà la théorie de

Copernic en parallèle avec celle de Ptolémée dans ses cours.

A l'inverse, la relation de Galilée avec Johannes Kepler a été réelle, continue et presque officielle. Bien que les deux hommes ne se soient jamais vus, ils se sont écrit à maintes reprises, c'est exact. Leur correspondance portait exclusivement sur des sujets scientifiques et astronomiques et il ne fait pas de doute que les deux hommes, l'un et l'autre mathématiciens de grand talent, appréciaient l'élégance de la théorie de Copernic. Ils en parlaient dans leurs lettres.

Ils étaient les deux plus grands savants de la chrétienté, comptant parmi les rares érudits à bien comprendre le maniement des arguments mathématiques. Il était donc naturel qu'ils échangent des informations et des réflexions. Le fait que Johannes Kepler ait embrassé la religion réformée ne l'empêchait nullement d'occuper le poste d'assistant auprès du très catholique Tycho Brahé, puis de mathématicien impérial auprès du très catholique empereur Rodolphe.

Mais puis-je faire respectueusement remarquer à ce tribunal que, pendant toute cette période, le système de Copernic, s'il n'avait jamais été reconnu formellement par l'Eglise, n'était en rien interdit ?

En revanche, les idées de Copernic étaient considérées comme hérétiques dans la religion réformée depuis des condamnations violentes prononcées par Luther, puis Calvin. On ne peut donc pas dire que Kepler, bien qu'appartenant à l'Eglise réformée, cherchait à introduire des idées hérétiques dans l'Eglise catholique.

S'il correspondait avec lui, Galilée n'approuvait d'ailleurs pas les théories de Kepler. Ce dernier, bien que faisant tourner les planètes, y compris la Terre, autour du Soleil, les plaçait sur des trajectoires elliptiques. Galilée maintenait que Dieu n'avait utilisé dans ses constructions que des cercles, le cercle étant la seule figure géométrique parfaite et donc digne de Dieu.

D'ailleurs, Galilée n'a jamais utilisé les arguments de Kepler pour exposer et expliquer le système héliocentrique même dans le *Dialogue.*

*

(Voici un premier point expédié, le plus facile. J'attaque le point suivant :)

— La deuxième réfutation que je voudrais développer concerne l'idée suivant laquelle, dans un de ses ouvrages, *L'Essayeur*, Galilée aurait développé une théorie atomique de la matière mettant en cause le principe même de l'Eucharistie, selon lequel, comme le dit notre dogme, le pain consacré devient véritablement le corps du Christ.

Dans son livre, il est vrai que Galilée a soutenu que la matière, la chaleur et la lumière étaient constituées par l'assemblage de petits éléments. Il n'affirmait pas cela au hasard. Lorsqu'on regarde comment se comporte un verre d'eau quand on y verse du vin, on voit la couleur rouge se propager et se changer en couleur rose. Comment l'incolore de l'eau et le rouge du vin pourraient-ils se mélanger progressivement, pour atteindre finalement la production d'un liquide uniformément rose, si le rouge et l'incolore n'étaient pas divisés en fines particules ?

Il en est de même pour la chaleur. Comment pourrait-elle se propager du chaud vers le froid, progressivement, si elle n'était pas composée de particules qui se déplacent à des vitesses différentes ? Pour la lumière, il en est de même : comment peut-on expliquer des lumières d'intensité variable si on ne suppose pas que cette structure est intimement divisée ?

Mais à aucun moment, à aucun endroit, Galilée n'en a déduit la moindre allusion à l'Eucharistie.

Galilée a toujours été fidèle à la religion catholique et il n'a affiché que du mépris pour les spéculations philosophico-théologiques d'un Giordano Bruno par exemple. Encore moins s'est-il intéressé aux croyances hérétiques de la Réforme sur ce sujet ou sur d'autres.

Galilée n'a jamais varié sur ce point. Je l'atteste, et je défie qu'on me démontre le contraire.

La troisième accusation que je voudrais également réfuter dit que Galilée aurait été parjure à une promesse qu'il aurait faite en 1616, à la suite d'une injonction à lui adresser de ne point enseigner ni développer la théorie de Copernic.

Revenons sur des faits déjà brièvement évoqués, la controverse de 1616, en nous concentrant sur les relations entre Galilée et l'éminent cardinal Bellarmin, sur ce qu'ils se sont dit et ce qu'a recommandé exactement le cardinal à Galilée, puisque c'est cela même qui est en cause.

Je rappelle que Galilée est venu à Rome de son plein gré. Il n'y fut ni invité, ni encore moins convoqué.

Certes, il s'y montra très actif pour expliquer la doctrine de Copernic. Mais, Nobles Eminences, agissait-il ainsi pour contrarier l'Eglise ? Affirmait-il que la théorie de Copernic était vraie et véritable ?

Nullement. Les deux points sont faux.

Il agissait comme je l'ai déjà dit et comme il l'a écrit lui-même dans la première introduction du *Dialogue*, surtout pour que la délibération du Saint-Office se déroulât en connaissance de cause. Il ne voulait pas que les divers savants d'Europe puissent accuser les Italiens d'être ignorants de la théorie de Copernic, et prennent position sans être correctement informés. Il voulait que chacun pût comprendre que le Saint-Office avait mis à l'Index le livre de Copernic après avoir exactement compris ce qu'il contenait et non pas à partir de « rumeurs » et de « soi-disant ».

Lorsque fut prise la décision du Saint-Office de corriger le livre de Copernic dans ce qu'il avait de faux et de contraire aux Ecritures, et en attendant que le livre fût mis à l'Index, Galilée approuva cette décision. Il la déclara logique puisque aucune démonstration convaincante n'avait été faite de la doctrine du chanoine polonais.

Pourtant, alors qu'il était encore à Rome, des rumeurs déplaisantes se répandirent pour dire qu'il avait abjuré, qu'il avait reconnu ses torts et qu'on lui avait infligé une punition. Il se sentit calomnié, humilié et écrivit une lettre au cardinal Bellarmin pour lui demander d'intervenir pour faire cesser ces calomnies. Le cardinal demanda à Galilée de venir le voir dans son palais, où il le reçut en présence du frère Angelis Seghiti, de la Compagnie des Frères prêcheurs.

Il renouvela la recommandation qu'il avait déjà faite à Galilée quelques années auparavant : il pouvait travailler et exposer la doctrine de Copernic pourvu que cette dernière soit considérée comme une hypothèse de travail ou une commodité mathématique, en aucun cas comme une vérité démontrée, puisqu'elle ne l'était pas. Si elle s'avérait démontrée un jour, alors ce serait une autre affaire, disait-il, et il faudrait en aviser la Sainte Congrégation des Rites, qui réunirait une commission *ad hoc* et examinerait le cas.

En aucun cas il n'appartenait à un laïc de décider de ce qu'était le vrai et le faux, cette fonction étant attribuée à l'Eglise, comme l'avait clairement établi le concile de Trente.

*

(*Le Grand Inquisiteur s'agite sur son siège depuis que je parle de Bellarmin. Je le sens énervé. Il finit par m'interrompre et dire :*)

— Je ne peux pas vous laisser sous-entendre, mon père, que le cardinal Bellarmin nourrissait la moindre sympathie pour le système de Copernic.

Je me permets de vous citer cet homme illustre et éminent, que nous respectons tous, dans une lettre qu'il écrivit au père Foscarini, alors que ce dernier lui avait envoyé un ouvrage défendant les thèses de Copernic. Ecoutez :

« L'homme qui a écrit que le Soleil aussi se lève et se couche et revient à son point de départ n'était autre que Salomon, lequel parla non seulement sous l'effet de l'inspiration divine, mais fut également un homme exceptionnellement avisé, aussi versé dans les sciences humaines que dans la connaissance de toutes les choses créées, dont la sagesse venait de Dieu. Il n'est donc pas vraisemblable qu'il ait affirmé quoi que ce soit qui fût contraire à une vérité soit déjà démontrée, soit démontrable. Et si vous me dites que Salomon ne se référait qu'aux apparences et qu'il nous semble à nous que le Soleil tourne, alors que c'est en fait la Terre qui se meut, comme il apparaît au passager d'un bateau que le rivage s'éloigne de lui, je répondrai que, quand bien même un voyageur peut avoir l'impression que le rivage s'écarte du vaisseau sur lequel il se tient, plutôt que le vaisseau du rivage, il ne sait pas moins qu'il s'agit d'une illusion, et parvient à la corriger, parce qu'il voit clairement que c'est le navire et non pas le rivage qui est en mouvement. Mais, pour ce qui est du Soleil et de la Terre, l'homme sage n'a pas besoin de corriger son jugement car il sait d'expérience que la Terre reste immobile. »

(L'Inquisiteur se rassied. Je le remercie d'un signe de tête et je reprends la parole :)

— Je connais cette lettre, bien sûr. Et je n'ai jamais insinué que le cardinal Bellarmin avait une sympathie quelconque pour la thèse de Copernic, pas plus d'ailleurs que le père Clavius, qui avait été le premier catholique à montrer qu'elle se trouvait en contradiction avec les Ecritures! Mais le fait même que ces nobles personnages aient toujours manifesté amitié et estime pour Galilée montre bien la probité de ce dernier.

(Je poursuis la relation de l'épisode de 1616 :)

— Le cardinal Bellarmin assura devant témoins que Galilée n'avait à sa connaissance jamais outrepassé ses instructions et qu'en conséquence il n'était nullement concerné par la décision de mise à l'Index de l'œuvre de Copernic et à l'injonction de ne pas l'enseigner comme vraie et véritable. Il assura Galilée qu'il le tenait et l'avait toujours tenu pour un bon catholique, soumis et obéissant aux instructions de la Sainte Église. Il ajouta que, pour bien montrer que toutes les rumeurs désagréables répandues à son sujet étaient mensongères, il avait mis en œuvre deux actions.

D'abord il demanda au Saint-Père de recevoir Galilée afin de bien montrer l'estime et la confiance que le Sacré Collège et la Sainte Eglise portaient à cet illustre savant.

Notons que le Saint-Père Paul V suivit la recommandation du cardinal et reçut Galilée, comme je l'ai dit, en l'appelant publiquement « mon fils » et en le priant de rester debout, ce qui est, vous le savez, un signe de haute estime.

Second point : il lui remit une lettre qu'il avait lui-même, Robert Bellarmin, écrite de sa main et qui était adressée à Galilée.

Comme beaucoup a été dit et écrit à propos de cette lettre, je prends la liberté de vous la lire — et aussi, soit dit en passant, à Son Excellence le Grand Inquisiteur —, après quoi je la déposerai entre vos mains comme pièce à conviction.

« Nous, Robert Bellarmin, ayant entendu dire que le sieur Galileo Galilei a été calomnié, comme ayant abjuré entre nos mains, et avoir à cet effet, reçu des pénitences salutaires, sollicité de dire la vérité, nous affirmons que le susdit Galilée n'a abjuré ni entre nos mains, ni entre les mains de personne à Rome, ni ailleurs à notre connaissance, aucune opinion ni doctrine ; qu'il n'a pas, en conséquence, reçu de pénitences salutaires d'aucune sorte. Il lui a seulement été notifié la déclaration de Sa Sainteté le pape, publiée par la Sacrée Congrégation de l'Index, à savoir que la doctrine de Copernic, touchant le mouvement de la Terre autour du Soleil et la stabilité du Soleil au centre du monde, sans se déplacer d'Orient vers l'Occident, est contraire à la Sainte Ecriture, et par conséquent ne doit être ni défendue, ni adoptée.

« En foi de quoi nous avons écrit et signé le présent certificat de notre main, ce 26 mai 1616. »

Cela fut fait devant témoins, le révérend père Badino Nores de Nicosie et le révérend père Agostino Mongardo de l'abbaye de la Rose, tous deux membres de la maison du cardinal Bellarmin, et en présence du père Angelis Seghiti, de la Compagnie des Frères prêcheurs.

Néanmoins, malgré la liberté conditionnelle que lui avait donnée le cardinal Bellarmin, pendant les années qui ont suivi, Galilée s'est abstenu d'enseigner la théorie de Copernic.

Mais, dites-vous, il en a parlé dans *L'Essayeur* puis dans le *Dialogue* et il s'est donc parjuré puisque, d'après le Grand Inquisiteur, il aurait promis au cardinal Bellarmin de s'abstenir à l'avenir d'y faire allusion.

En fait, comme je viens de le rappeler, l'injonction de la Sainte Congrégation des Rites n'interdisait nullement d'en parler, mais seulement d'en parler *comme d'une vérité.*

Galilée s'en est tenu à ce principe. C'est ce qu'il fit de même dans son livre *L'Essayeur.* A propos de cet ouvrage, je voudrais faire remarquer à Vos Eminences qu'il fut dédicacé à Sa Sainteté Urbain VIII, lequel, comme je l'ai dit, le trouva fort à son goût et s'en fit faire plusieurs lectures. Nul doute que si cet ouvrage avait contenu des propos théologiquement répréhensibles, le souverain pontife les aurait condamnés sans hésiter, et sans doute très sévèrement.

Vous ne pouvez en douter!

(Je prends mon verre, bois lentement attendant de voir l'effet de mes paroles, puis je reprends :)

— Certes, j'ai ouï-dire, mais on ne m'en a pas donné d'éléments concrets d'appréciation, qu'il existerait dans les archives du Saint-Office une lettre d'injonction très dure à l'adresse de Galilée. Si cette lettre existe, il doit s'agir d'une lettre préparée par quelques accusateurs anonymes, par quelques bureaucrates zélés, mais qui n'a jamais été validée, ni par le Saint-Office, ni par la Sainte Inquisition, ni encore moins remise à Galilée, comme en fait foi la lettre du cardinal Bellarmin.

Quant au *Dialogue*, c'est un ouvrage qui a été directement et explicitement commandé par le Très Saint-Père, lequel du même coup a levé toute injonction, réelle ou supposée, vis-à-vis de Galilée.

Accuser Galilée d'être parjure, c'est d'abord assurer qu'il a juré, ce qui ne peut être prouvé, puisque c'est contraire à la vérité établie. C'est aussi mettre en cause directement ou indirectement l'attitude de notre vénéré Saint-Père, qui aurait reçu Galilée alors que ce dernier était parjure, ou qu'il aurait laissé entreprendre l'écriture d'un livre contraire aux injonctions du Saint-Office.

Très Chères Eminences, il n'en est rien, bien sûr!

Notre Saint-Père, fidèle à la ligne de pensée constante de l'Eglise, considère, comme le cardinal Bellarmin l'avait fort bien expliqué, que la doctrine de Copernic est une construction intellectuelle et mathématique intéressante, à laquelle il ne faut pas donner le statut de vérité, mais qui peut être utilisée comme hypothèse de travail pour chercher à comprendre les lois de l'univers. C'est dans ce cadre et dans cet esprit qu'il a encouragé Galilée à écrire le *Dialogue*.

Galilée n'a donc été ni parjure ni rebelle aux instructions de l'Eglise. Il s'y est au contraire plié, totalement et humblement. Toujours.

Le Grand Inquisiteur a suggéré que Galilée aurait outrepassé son rôle et ses compétences en proposant une nouvelle interprétation de la Bible. Effectivement, dans des lettres de nature privée, l'une adressée à moi-même, l'autre à Christine de Lorraine, Galilée a montré que le passage considéré comme un obstacle absolu à l'acceptation de la théorie de Copernic, celui où Dieu arrête le Soleil et la Lune, pouvait être interprété de manière allégorique comme sont interprétés d'autres passages du livre saint. Il ne l'a pas fait dans le dessein de prouver que le modèle de Copernic était vrai et véritable, mais seulement pour montrer que si l'astronomie parvenait à donner une preuve de la mobilité de la Terre, le passage de la Bible ne constituait pas à ses yeux un obstacle insurmontable.

Bien sûr, s'il avait développé une telle interprétation dans un livre ou dans un cours public, on aurait pu dire qu'il se substituait aux théologiens patentés et aux plus hautes autorités de l'Eglise. Mais la manière dont il l'a fait n'était qu'un exercice purement intellectuel et privé.

Dans cette correspondance, Galilée n'a pas prétendu que le livre saint n'était écrit que pour les naïfs, les ignorants et les vulgaires comme l'a prétendu l'acte d'accusation. C'est là une interprétation malveillante de sa pensée — je pèse mes mots. Il a simplement fait remarquer que l'instruction reçue permet aux lettrés d'apprécier beaucoup mieux l'infinie beauté des Ecritures, et donc que les textes pouvaient avoir un effet évocateur important, qu'ils étaient en quelque sorte des stimulants pour la réflexion intellectuelle.

Galilée a bien sûr toujours reconnu que l'interprétation officielle des textes sacrés appartenait à la Sainte Eglise et à elle seule.

Lorsque, généralisant cette accusation d'usurpation théologique, le Grand Inquisiteur en vient à affirmer que Galilée a constamment cherché à affaiblir l'autorité de l'Eglise en restreignant son rôle aux seuls sujets théologiques, en élevant la science au rang d'une religion souveraine et maîtresse de dire le vrai et le faux en matière de lois de la nature, alors qu'on sait bien depuis le concile de Trente que l'Eglise a vocation de dire le vrai en toutes choses, il aborde là un sujet difficile et sensible qu'il faut traiter avec rigueur et retenue, sans caricature ni aveuglement.

(Je fais une pause et je reprends lentement de manière un peu emphatique :)

— Eminences, la science a ses lois, ses règles, ses méthodes. Elle progresse constamment et ses progrès se traduisent toujours par de nouvelles découvertes. Ces découvertes ne peuvent naître que de la science elle-même, de la recherche, et non pas de sentiments établis *a priori*. Lorsque les découvertes semblent implicitement en conflit avec les Ecritures, il est bien clair que seul le Saint-Office et la Congrégation des Rites ont le pouvoir — et le devoir — de trancher le différend, soit en déclarant la nouvelle découverte fausse et non avenue, soit à l'inverse en proposant une nouvelle façon d'interpréter les Ecritures. C'est en ce sens que le concile de Trente a donné à l'Eglise le pouvoir de décider de la vérité en toute chose, même en matière scientifique.

Car l'observation des faits est une chose, et l'interprétation en est une autre.

Ce que Galilée a toujours défendu, c'est que de telles décisions ne peuvent être prises sur la base de l'ignorance. Le dossier doit être instruit à l'aide des connaissances les plus actuelles et les mieux documentées. C'est d'ailleurs dans cet esprit que le Vatican a décidé de la création du Collège romain lieu de recherche et d'enseignement des sciences, permettant aux pères de la Compagnie de Jésus d'être au courant de toutes les innovations scientifiques, afin de mieux conseiller l'Eglise et la guider vers les décisions les plus appropriées.

A l'inverse, le rôle essentiel reconnu au Collège romain ne doit pas lui donner le monopole de décider du vrai et du faux. C'est l'Eglise dans sa plénitude, dans sa complétude, qui a le pouvoir de décider, et non pas une fraction d'elle, fût-ce la très prestigieuse et très savante Compagnie de Jésus.

Voilà les idées que défend Galilée. Ce qu'il a voulu dire lorsqu'il a parlé de la séparation de la théologie de la science, c'est que dans le domaine théologique l'Eglise peut décider seule de l'interprétation des Ecritures et de la situation du dogme, qu'elle fait d'ailleurs sans cesse évoluer.

Dans le domaine scientifique, l'Eglise a besoin, avant de décider, de bien connaître ce que les scientifiques et les philosophes ont découvert. Or, cette information — je ne parle pas de décision — doit impliquer l'ensemble du monde catholique, laïcs et croyants compris, et je dis donc qu'en la matière l'opinion de Galilée est conforme à la doctrine de l'Eglise depuis le concile de Trente.

Si Jésus est venu sur Terre, c'est bien pour nous inciter à gagner nous-mêmes notre salut. Pour un savant, il s'agit de bien informer l'Eglise pour lui permettre de prendre, avec l'aide de Dieu, les décisions les meilleures.

*

— Je dois maintenant aborder les deux polémiques sur les taches solaires et sur l'origine des comètes, puisque le Grand Accusateur pense qu'elles ont été déclenchées dans l'unique but d'affaiblir la Compagnie de Jésus, et par conséquent l'Eglise.

Les deux polémiques, éloignées dans le temps par sept années, ont à la fois des analogies et des différences profondes.

La polémique sur les taches solaires débuta en 1612 par une lettre signée Appell et destinée à un haut magistrat bavarois, Marc Welser, membre des académies de Rome et de Florence. Comme je l'ai déjà évoqué, cette lettre reprenait les observations de Galilée faites précédemment (en 1610) et qu'il avait exposées au Collège romain en 1611, en présence des cardinaux Barberini et Bellarmin. Or, la lettre n'avait fait aucune mention à cette antériorité, et s'attribuait faussement une priorité. Formellement, on peut certes dire que Galilée n'avait rien écrit sur ses observations, mais ces dernières étaient bien connues — de notoriété publique, dirions-nous — grâce à ses conférences multiples et répétées.

Comme on le sait, Galilée répondit vertement à cette prétention sans savoir, au début, que derrière le nom d'Appell se cachait le père jésuite Christophe Scheiner, qui enseignait à Ingolstaat — la célèbre université qui la première avait condamné l'hérésie luthérienne — les mathématiques et l'hébreu.

Ce n'est que plus tard qu'il connut l'implication des Jésuites dans cette affaire. L'interprétation défendue par Scheiner, puis par les Jésuites, n'est ni démontrée ni exacte. Sans défendre telle ou telle théorie, on peut dire que les taches solaires ne sont sûrement pas des étoiles vagabondes, ni l'ombre portée de Mercure, ni des nuages interplanétaires comme l'a écrit le père Scheiner. Moi qui me suis trouvé étroitement associé à ces controverses, et en ma totale bonne foi, je crois pouvoir affirmer que les taches solaires sont des phénomènes qui se produisent à la surface du Soleil, et qui varient avec le temps.

Au-delà de cette observation, qui me semble bien établie, on entre dans des interprétations hasardeuses et sans doute Galilée a-t-il extrapolé un peu loin ses propres observations en affirmant avoir trouvé, avec les taches solaires, un argument supplémentaire pour prouver que la Terre tourne autour du Soleil. J'en conviens.

En ce qui concerne les comètes, l'affaire est partie sur d'autres bases.

Il n'y a pas là de dispute d'antériorité mais une controverse sans doute grandement créée par un sentiment d'orgueilleuse fierté chez les jeunes jésuites, et de frustration amère chez Galilée.

En effet, l'histoire est simple. Trois comètes apparurent dans le ciel d'Italie en 1618. Le père Grassi et ses collègues du Collège romain, dont il était directeur, en firent une observation minutieuse grâce à la lunette fabriquée pour eux par Galilée.

Galilée, cloué au lit par une crise aiguë de goutte, ne put en observer aucune.

En 1619, Orazio Grassi publia une *disputatio astronomique* selon laquelle les comètes étaient des feux cosmiques, des météores qui prenaient feu dans le ciel par suite du frottement avec la matière cosmique.

Galilée refusa immédiatement cette interprétation, il pensait que les comètes n'étaient pas des objets cosmiques, mais plus probablement des phénomènes qui se produisaient dans la haute atmosphère terrestre.

Pour ne pas envenimer ses relations, déjà médiocres, avec le Collège romain et les Jésuites, il demanda à un de ses disciples, l'éminent Mario Guiducci, de répondre, lors d'une communication à l'Académie des Lynx, aux affirmations du père Grassi, sans s'en mêler lui-même. Jusque-là, la polémique gardait un ton tout à fait acceptable. Mais elle devint franchement désagréable lorsqu'un inconnu, Lotario Sarsi, publia un livre intitulé *La Balance astronomique et philosophique.* Ce livre était agressif et injurieux pour Galilée, qui y était nommément attaqué. Ce n'est que plus tard que Galilée identifia, derrière ce pseudonyme de Starsi, le père Orazio Grassi lui-même.

Tout cela est un peu étrange. D'abord pourquoi engager une polémique scientifique sur un ton agressif et en cachant son identité ? Cela n'est ni courageux, ni très chrétien. Permettez-moi de le souligner ici, avec tout le respect que je dois à l'ordre de saint Ignace de Loyola.

Et cela même si, je le confesse, l'interprétation de Galilée est loin d'être convaincante. Pas plus que d'autres, d'ailleurs, qu'il a évoquées plus tard ! Mais là n'est pas la question. Ce que je veux affirmer ici, c'est qu'il s'agissait, comme dans le cas des taches solaires, d'une dispute purement scientifique, dans laquelle n'entrait en aucune façon une hostilité dirigée contre un ordre religieux.

J'ai la preuve de ce que j'affirme : dans un cas comme dans l'autre, le début de la polémique s'enclencha sans que Galilée ne sût qui se cachait derrière le masque des faux noms. Il ignorait donc qu'il s'agissait de membres de la Compagnie de Jésus.

Avouer un désaccord avec, sans le savoir, un membre de la Compagnie de Jésus n'est en aucune façon une action destinée à affaiblir la Compagnie dans son ensemble !

Puis-je dire que, dans cette accusation prononcée par le Grand Inquisiteur, il y a un côté « esprit de corps » qui n'a aucun rapport avec la rigueur de la démarche juridique ?

Les pères jésuites, dans leur démarche savante, n'ont-ils pas tendance à se penser infaillibles, et en droit de décider de la vérité en toutes choses ?

Le père mathématicien Christophe Gremberger, professeur au Collège romain, m'a dit il y a quelques semaines, ici même à Rome : « Si Galilée avait su conserver l'affection des pères de ce collège, il mènerait en ce monde une vie glorieuse, aucune disgrâce ne l'aurait frappé et il aurait pu écrire tout à son aise sur n'importe quel sujet, et même sur le mouvement de la Terre. »

*

(Je constate que ce que je viens de dire — je ne peux malheureusement pas en fournir une preuve écrite — suscite dans le tribunal des chuchotements et des colères à voix basse. Indirectement, je viens en effet d'insinuer que les jésuites peuvent être sensibles à la flatterie. J'enchaîne aussitôt :)

— Avec toute la gravité nécessaire, avec toute la solennité qui sied à ce tribunal, je pose la question : le procès que l'on fait aujourd'hui à Galilée est-il, comme on le murmure à Rome même, motivé par le désir de la Compagnie de Jésus de régner sans partage sur le savoir scientifique, et indirectement sur toute la réflexion théologique de la Sainte Eglise ? La véritable accusation contre Galilée n'est-elle pas celle de ne pas avoir accepté sans broncher les interprétations de quelques jésuites sur les taches solaires et les comètes, et de ne pas admettre explicitement le primat de la Compagnie de Jésus dans tout domaine scientifique ? S'il en était ainsi, ne serions-nous pas en train de nous égarer dans un faux procès ?

Faux procès aussi, celui qui consiste à accuser Galilée d'avoir cherché avec persévérance à affaiblir l'Eglise. Je le répète : Galilée est un bon catholique, qui suit fidèlement les pratiques de la religion. Cinquante prélats, autant d'évêques et de nombreux cardinaux peuvent en témoigner. Les témoins que j'ai fait citer et qui, je le rappelle, comprennent les cardinaux Del Monte et Orsini, les évêques Ciampoli et Cesarini, l'archevêque de Sienne Ascanio Piccolomini, les pères Guiducci, Fia Fulgenzion Micanzio, Campanella, vous l'ont tous affirmé. Tous. Et ils ne sont pas n'importe qui. Si Galilée put commettre ici ou là quelques erreurs, ce fut dans le cadre d'une démarche scientifique qui pour lui est une voie pour se rapprocher de Dieu. Qu'il l'ait fait parfois d'une manière ostentatoire, qu'il ait péché ici ou là par orgueil, trop sûr de son immense talent, c'est peut-être vrai, mais cette attitude n'a jamais été destinée à nuire à notre Mère l'Eglise.

Le Grand Inquisiteur a déclaré, dans son acte d'accusation, que Galilée avait sciemment détruit l'œuvre d'Aristote, parce que c'était le savoir auquel croyait et qu'enseignait l'Eglise, et le seul compatible avec les Ecritures. Ce travail de destruction d'Aristote serait, d'après lui, destiné à affaiblir et discréditer l'Eglise. Là encore, et avec le respect que je dois au Grand Inquisiteur et au tribunal, je déclare solennellement que rien n'est plus faux !

Je dis, je le répète et je le prouve, que Galilée est le continuateur d'Aristote. Revenons aux œuvres d'Aristote lui-même. A aucun moment, il n'a affirmé que la science était finie et figée. Il a, au contraire, toujours enseigné que ce qui resterait éternel était la méthode, mais que les contenus du savoir évoluaient sans cesse. C'est pourquoi il avait demandé à son illustre élève, Alexandre de Macédoine, de lui envoyer plantes et animaux cueillies et capturés au cours de ses conquêtes, afin d'accroître le savoir! Ce que fit, d'ailleurs, Alexandre. Du mieux qu'il put.

Ce sont les scolastiques qui, enseignant Aristote de manière figée et définitive, refusant l'usage de l'expérience et du progrès, trahissent et défigurent totalement son message. Ramener le savoir à la métaphysique, aux raisonnements abstraits, à l'isolement du monde sensible, c'est appliquer les méthodes de Platon, non celles d'Aristote. C'est mettre l'idée avant le fait. Ce que voudraient les scolastiques et les métaphysiciens, c'est vider l'esprit de l'enseignement d'Aristote en le réduisant aux résultats et en oubliant la méthode.

L'illustre professeur Buanamici, maître incontesté dans la connaissance d'Aristote, et qui fut à l'université de Pise le professeur de Galilée, disait dans ses leçons : « Ce qui est important chez Aristote, c'est la méthode. Il a fondé la science parce qu'il a su faire la synthèse entre la perception du monde par les sens et la conceptualisation abstraite des observations. »

Galilée, lui, a compris le message. Quant à modifier le contenu des théories d'Aristote, oui, Galilée a bouleversé le savoir et c'est pourquoi il est le scientifique le plus fécond, le plus original, le plus décisif depuis Archimède de Syracuse. Mais il l'a fait en s'appuyant strictement sur la démarche de saint Thomas d'Aquin.

Songez bien, Eminences, songez bien que nous sommes en 1633. Aristote, lui, vivait en 350 avant Jésus-Christ ! Près de deux mille ans nous séparent de lui ! Et vous auriez voulu que les connaissances d'aujourd'hui soient identiques à ce qu'elles étaient il y a deux mille ans ? Mais, il y a deux mille ans, notre religion elle-même n'existait pas ! La vraie vérité ne s'était pas manifestée ! Jésus, Notre Seigneur, n'était pas encore venu sur Terre pour répandre son message d'amour et d'espoir ! Comment la connaissance elle-même n'aurait-elle pas évolué après cet événement, autour duquel, pour nous, tourne l'Histoire ?

Laissons donc Aristote. En nous souvenant seulement que ce n'est pas parce qu'il a inventé la logique que tous ses raisonnements sont imparables, contrairement à ce que croient encore un grand nombre de métaphysiciens !

J'en viens au point suivant.

L'idée suivant laquelle la substitution de la doctrine de Copernic à celle de Ptolémée aurait pour effet de déstabiliser l'Eglise ne me paraît pas recevable non plus.

Galilée pense, au contraire, que si quelqu'un parvient à démontrer la véracité du système de Copernic, l'Eglise catholique doit être la première à réfléchir avant de l'inclure pleinement dans le dogme. Il ne pense pas pour autant que le fait de dire que le centre du monde est le Soleil, plutôt que la Terre, provoque une révolution dans les esprits. Le Soleil et la lumière ne sont-ils pas parmi les créations les plus éclatantes de Dieu ?

La lumière est une substance très spirituelle, très subtile, très rapide, qui se répand dans l'univers, réchauffe, vivifie, rend fécondes toutes les créations vivantes. Le Soleil est un refuge de cet esprit essentiel. C'est lui qui irradie et inonde le monde de cette substance, la lumière.

Dans l'Ecclésiaste, ne lit-on pas, en 43 : « Le Soleil en se montrant proclame dès son lever quelle merveille que l'œuvre du Très-Haut » ?

Galilée a travaillé pour informer l'Eglise, pour la renforcer, non pour l'affaiblir. Oubliez, oubliez cette accusation dont on ne peut montrer le début du commencement d'une preuve.

Le Grand Inquisiteur a prétendu que Galilée aurait fait paraître son ouvrage le *Dialogue* à Florence, sans autorisation formelle, alors qu'il aurait dû être imprimé à Rome sous le contrôle strict du père Riccardi.

Il est parfaitement exact que le projet initial, auquel avait souscrit Galilée, était d'imprimer l'ouvrage à Rome. Il est non moins exact qu'il fut imprimé à Florence. Les apparences sont donc incontestablement, ici, défavorables à cet homme qui est assis là et qui nous écoute.

Mais pourquoi aurait-il passé outre à cette demande de Sa Sainteté ? Parce que le livre contenait des choses qu'il voulait cacher ? Il savait bien que de toute manière le livre serait épluché dans les moindres détails. Il savait que, en cas de pensées interdites, il serait poursuivi. Pourquoi aurait-il pris un tel risque ? Pourquoi aurait-il cherché à provoquer le Saint-Père ? Ce n'était certainement pas son intention. Alors pourquoi, me direz-vous, a-t-il fait imprimer son ouvrage à Florence ?

À tout cela une réponse unique et toute simple : la peste ! Oui, la peste, Excellences ! Florence se trouvait en effet en quarantaine et il était interdit d'en faire sortir un manuscrit pour le porter à Rome. Seul l'envoi d'une lettre était autorisé.

Or, ce manuscrit avait été modifié deux fois à la suite des demandes du père Riccardi. Il ne contenait plus de passages répréhensibles. Il parut naturel, pour ne pas retarder encore la sortie d'un livre qui avait déjà beaucoup attendu, de l'imprimer sur place, à Florence. En même temps Galilée interdit qu'on le diffusât dans les librairies avant l'autorisation du Saint-Siège, preuve de sa bonne foi.

Cette accusation d'impression quasi clandestine est donc sans objet. J'ai fait citer devant vous le père Riccardi avec l'autorisation spéciale et bienveillante de Sa Sainteté. Que vous a-t-il dit ? Qu'il avait effectivement autorisé l'impression à Florence, compte tenu de la peste ! Vous avez là la preuve que Galilée n'a en aucune façon cherché à transgresser les instructions de Sa Sainteté.

*

(Je passe rapidement sur ce point, que je sais gagné, et je poursuis :)

— Je veux à présent réfuter cette accusation que, sans le respect que je porte à la personne et à la fonction du Grand Inquisiteur, je pourrais qualifier de risible, tant elle méconnaît les sentiments de Galilée, à savoir qu'il aurait cherché à ridiculiser, dans son livre, le Saint-Père.

Parmi les personnalités que Galilée aime et respecte, aussi bien dans le monde des sciences, des arts, de la littérature, de la philosophie que dans l'Eglise, il en est une qui pour lui est placée, dans son cœur, au-dessus de toutes les autres : Sa Sainteté Urbain VIII. Je ne parle pas de l'amour et du respect que nous portons tous, nous catholiques, au Très Saint-Père, je veux parler d'un sentiment exceptionnel qui est né alors même que notre pape n'était encore que le cardinal Maffeo Barberini.

Sur quelle base peut-on prétendre que Galilée aurait cherché à défier ou même à critiquer le Saint-Père ?

Comme j'ai déjà eu l'occasion de le dire, Galilée s'est tenu scrupuleusement à ce que le Saint-Père lui avait demandé : exposer les deux systèmes d'explication du monde, celui de Ptolémée et celui de Copernic, en s'abstenant de dire que celui de Copernic avait une réalité quelconque.

Non seulement il ne l'a pas dit dans le texte, mais il a rédigé deux préfaces successives, et une conclusion, pour bien préciser qu'il n'attribuait aucune vérité au système de Copernic. Je reviendrai sur ce point, car il est bien sûr fondamental, mais j'affirme ici que Galilée a scrupuleusement respecté les engagements qu'il avait pris auprès d'Urbain VIII.

On a dit qu'à la toute fin du *Dialogue*, Galilée aurait mis dans la bouche de Simplicio une phrase à laquelle le Saint-Père est attaché, à savoir que la « pensée de Dieu est peut-être tellement subtile et complexe qu'elle paraît étrange à l'homme ». Le raisonnement serait celui-ci : « Si c'est Simplicio qui le dit, Galilée considère la proposition comme fausse, puisque Simplicio semble avoir le dessous dans toutes les joutes oratoires avec Salviati. » Je crois que cette vision des choses est erronée et qu'elle résulte d'une incompréhension totale de la signification profonde du *Dialogue*.

Cet ouvrage est conçu pour être lu et compris non seulement par les savants, mais par tous les érudits : qu'ils soient religieux, clercs ou laïcs.

C'est pourquoi il est écrit sous forme de dialogue entre trois personnages, pour rendre l'exposé plus vivant. C'est pourquoi il est écrit en italien et non en latin. Il ne comprend aucune démonstration mathématique, ni aucun raisonnement faisant appel à des connaissances de physique compliquées.

Les trois protagonistes qui débattent, Salviati, Sagredo et Simplicio, ont des rôles bien définis et des origines très claires. Le personnage de Salviati porte le nom d'un noble florentin, ami de Galilée, qui avait une intelligence lumineuse et un rayonnement exceptionnel. Il disparut victime de la peste, alors même que l'Académie des Lynx se préparait à l'élire. Dans le *Dialogue*, c'est lui qui est chargé de défendre la théorie de Copernic et de montrer les limites des théories d'Aristote.

Sagredo est un autre ami de Galilée, que la peste nous a également enlevé. C'était un noble vénitien plein de sagesse, mécène des arts et des sciences. Il joue ici le rôle du sage, de celui qui représente l'équilibre.

Quant à Simplicio, à qui il revient de défendre Aristote et la théorie de Ptolémée, il ne s'agit pas du tout d'un personnage ridicule à qui on aurait donné le nom de Simplet. Galilée a choisi de mettre en scène un de ses anciens collègues à l'université de Padoue, le plus avancé dans la connaissance d'Aristote. Comme ce collègue est encore vivant, il ne pouvait lui donner son nom. Aussi choisit-il celui de Simplicio qui est directement issu de Simplicius, philosophe latin, un des grands commentateurs d'Aristote, et penseur respecté.

Si vous lisez avec attention le *Dialogue*, vous y verrez, c'est vrai, de nombreux échanges où Simplicio a le dessous face à Salviati. Cela correspond au fait que Galilée pense que la théorie de Copernic est plus élégante et plus facile à défendre que celle de Ptolémée, mais il est non moins vrai que, sur de nombreux points, Salviati et Sagredo approuvent ce que dit Simplicio. C'est le cas pour le passage incriminé.

Alors me direz-vous, Eminences, comment expliquer que le pape ait laissé se dérouler ce procès s'il était resté l'ami de Galilée et s'il est toujours persuadé que Galilée est toujours un bon catholique ?

Question essentielle, cruciale même, et que beaucoup ont du mal à comprendre.

*

— Prétendez-vous, demande le cardinal Borgia, nous apprendre ce que pense le pape, à nous qui le côtoyons chaque jour ?

— Mon intention, dis-je, n'est nullement celle-là. Mon rôle de défenseur étant de réunir les éléments à décharge, je me suis informé et j'ai réfléchi moi-même à la situation. Ainsi le Saint-Père a dit à l'ambassadeur Nicolini, lors de sa dernière audience : « Il est parfois nécessaire de laisser de côté tout sentiment de respect et d'affection afin de mettre le catholicisme à l'abri de tout danger. » Puis il a ajouté, parlant de Galilée : « Dites-lui bien qu'il reste mon ami. »

— Vous espionnez le Saint-Père ? s'écrie un autre cardinal.

(Le président se doit d'intervenir pour rappeler au calme les prélats tumultueux.)

— Laissez poursuivre le père Castelli. Il fait son travail. Poursuivez, mon père.

(Je poursuis donc :)

— Le Saint-Père fut saisi d'une série de plaintes déposées auprès de l'Inquisition à l'encontre de Galilée.

Dans un premier temps, il les écarta, car leur argumentaire semblait en contradiction avec ce qu'il savait, lui, de Galilée. Quant au *Dialogue*, le texte avait été examiné avec soin par le père Riccardi qui avait de fréquents contacts avec le Saint-Père.

Mais les plaintes continuèrent, l'Inquisition fut à nouveau saisie et des rumeurs, prudentes certes, mais assez malveillantes, continuèrent à se propager. Le pape étoufferait-il une affaire sérieuse d'hérésie au nom de l'amitié ? Au moment où l'hérésie protestante gagne du terrain en Allemagne, où le roi de Suède Gustave Adolphe à la tête des princes protestants s'approche de Venise, où les princes protestants se disputent et où on ne manque pas de reprocher au Saint-Père son amitié avec Richelieu — née au cours de son nonciat à Paris, lorsqu'il était cardinal — au détriment du très catholique roi d'Espagne *(à l'évocation du roi d'Espagne, le Cardinal Borgia, qui semblait s'être assoupi, ouvre l'œil)*, le Saint-Père peut-il donner un prétexte quelconque, si petit soit-il, qui ferait douter de sa détermination pleine et entière à combattre l'hérésie, toutes les hérésies ?

La meilleure manière de montrer l'innocence de Galilée n'est-elle pas de laisser se dérouler un procès ? Cette démarche devrait permettre de mettre la vérité en pleine lumière et aussi de laver le pape de tout soupçon de partialité amicale.

Certains ont dit que le Saint-Père souhaitait une condamnation de Galilée. Comment peut-on affirmer cela en parlant de celui qui est le représentant suprême de Dieu sur cette Terre, et qui par là même est investi de la tâche de défendre la vérité, et de lutter contre les vices et le mensonge ?

Ceux qui penseraient faire plaisir au Saint-Père en prenant telle ou telle position se tromperaient — je ne parle que par hypothèse, sans supposer un seul instant que cela concerne des membres de ce tribunal — car encore une fois il ne recherche que la vérité, même si, j'en suis persuadé, il garde dans son cœur estime et amitié pour Galilée.

— Vous affabulez ! s'écrie le Grand Inquisiteur.

((Le président le fait taire et m'autorise d'un geste à poursuivre.)

— Peut-être, dis-je, mais c'est là mon intime conviction, tant j'ai confiance dans la clairvoyance et l'impartialité de Sa Sainteté, comme en celle de ce tribunal.

— Pourrait-il en être autrement ? me demande le président, en me regardant.

— Non, bien sûr, Eminence. Mon affirmation était un pléonasme, et humblement je le regrette.

— Continuez donc.

— Venons-en à présent à l'accusation initiale suivant laquelle Galilée aurait enseigné, professé, défendu, affirmé, argumenté, déclaré, démontré même que la Terre tourne sur elle-même et autour du Soleil, et qu'il aurait par là contrevenu aux décisions du concile de Trente, et aux affirmations répétées de l'Eglise.

Je dois dire immédiatement au tribunal que l'idée de la véracité du système Copernic a sans doute habité l'esprit de Galilée dans les années 1612-1614. Grisé par ses découvertes astronomiques, enchanté par l'explication qu'il venait de donner des marées terrestres, ravi par la découverte du principe de relativité qui lui permit d'affirmer que lorsqu'on lance un objet en l'air il retombe à la même place, non pas parce que la Terre est immobile mais parce que l'objet tourne avec elle, je crois que Galilée a cru de bonne foi que le système de Copernic était démontré comme vrai et véritable. Ce fut une erreur momentanée.

Profitons de ce moment d'égarement pour examiner ce que fut vraiment l'attitude de Galilée. Chercha-t-il à proclamer que l'Eglise était dans l'erreur ? Ecrivit-il un pamphlet contre notre religion ? Chercha-t-il à abaisser l'influence de l'Eglise ou du Saint-Office ?

Nullement. En fils croyant et discipliné, il chercha à convaincre l'Eglise elle-même de changer d'interprétation. Sa tentative, maladroite et malvenue, je vous l'accorde volontiers, pour interpréter les Ecritures d'une manière allégorique ou métaphorique, était précisément une tentative pour conserver les Ecritures telles quelles, et non pas pour les ignorer, les nier ou les contredire. Encore une fois, même lorsqu'il se trouve au milieu de l'erreur, Galilée reste un fidèle catholique. Il a été dans l'erreur, je le reconnais, mais cette erreur, il l'a reconnue et réparée. Qui d'entre nous n'a jamais commis d'erreurs ?

Depuis lors, et en particulier depuis la discussion de 1616, il s'en est tenu à une attitude qui, théologiquement parlant, est irréprochable. Il pense, affirme, enseigne que du point de vue mathématique, c'est-à-dire du point de vue du monde abstrait, scientifique, qu'on peut appeler le monde de papier, la théorie de Copernic est la plus élégante et la plus rigoureuse. Celle de Ptolémée, avec ses courbes complexes imbriquées, lui apparaît plus complexe, bien qu'elle représente sans doute la vérité.

(Le président du tribunal intervient alors :)

— Qui parle de complexité ? Moi qui ai lu avec attention le livre de Copernic, je suis loin de trouver son système plus simple. Certes, il fait tourner les planètes autour du Soleil, mais pour expliquer les éphémérides, il est obligé de les faire tourner sur un assemblage de cercles se déplaçant sur d'autres cercles, ce qui en complexité n'a rien à envier à Ptolémée ! Votre argument, ou plutôt celui de Galilée, sur la simplicité du système de Copernic par rapport à celui de Ptolémée, est très discutable, mon père !

*

(Le point qui vient d'être marqué est assez fort pour impressionner les esprits simples. Il est vrai que le système de Copernic est loin d'être simple. C'est pourquoi j'essaie de répondre avec ruse :)

— Eminence, vous avez raison. Ce que j'aurais dû dire, c'est que le système de Copernic est mathématiquement plus logique, plus symétrique, plus synthétique. C'est ce que Galilée appelle l'élégance, qualité qu'il place en mathématiques au-dessus de toute autre.

C'est pourquoi sans doute, dans les échanges du *Dialogue*, il a privilégié l'exposé de Salviati, au détriment de Simplicio, et a donné au noble et sage Sagredo le soin de soutenir le plus souvent les affirmations de Salviati, tout en calmant la dispute. C'est une tendance naturelle pour un mathématicien, sensible naturellement à l'élégance des calculs !

Mais il a affirmé à maintes reprises qu'il ne considérait cela que comme une joute intellectuelle, qui n'impliquait en rien la réalité des choses.

L'attitude de Galilée lors du débat purement intellectuel n'est d'ailleurs pas exempte de critiques. Ses arguments scientifiques pour affirmer la prééminence mathématique du modèle de Copernic sont-ils définitifs ? Les marées terrestres ? Les phases de Vénus ? Les satellites de Jupiter ? Aucun n'est sans reproche. D'un autre côté, les arguments des savants jésuites ne sont pas sans valeur. Les éphémérides de Tycho Brahé sont les meilleures. Les apparences sensibles plaident pour le système de Ptolémée. Et ainsi de suite.

C'est pourquoi je ne veux pas plaider la supériorité scientifique des arguments de Galilée sur les autres. Ce que je veux plaider ici, c'est la bonne foi de Galilée. Je veux dire que son ambition de découvrir les lois de la nature ne sont que la traduction de l'amour infini qu'il porte à Dieu. Cet amour constitue le ressort de Galilée. Il porte à Dieu un amour infini et cet amour le conduit à rechercher sans cesse la vérité. Pour se rapprocher de Dieu ! Voilà ce qui a été le moteur de sa vie ! Voilà pourquoi il a peut-être été parfois présomptueux et trop affirmatif.

*

Mais, au total, Nobles Eminences, que reste-t-il des motifs d'accusation ?

Je dis d'abord que Galilée n'est pas un hérétique, ni par une fréquentation d'hérétique notoire, ni par l'élaboration d'une nouvelle hérésie.

Je dis aussi que Galilée n'est pas parjure. Il n'a jamais contrevenu à un engagement pris antérieurement, que ce soit par rapport au regretté cardinal Bellarmin ou à Sa Sainteté, notre vénéré Urbain VIII.

En troisième lieu, je dis que Galilée n'est pas un adversaire de l'Eglise, ni de tel ou tel ordre religieux quelconque. Sa vie, sa reconnaissance des savants, ses amitiés, tout prouve sa dévotion.

Enfin, Galilée ne prétend nullement que la théorie de Copernic est vraie et véritable. Il revendique seulement une reconnaissance, comment dirais-je ?, d'esthétique mathématique.

Dans le dossier d'accusation, il ne reste rien de solide si ce n'est des irritations, des frustrations scientifiques, des jalousies et des rancœurs. Rien de tout cela n'est véritablement répréhensible, tout juste le péché véniel d'orgueil, peut-être...

Au nom de l'extraordinaire et immense renommée que Galileo Galilei a acquis dans tous les pays du monde, au nom des découvertes révolutionnaires qu'il a faites en physique et dans les méthodes d'étude du cosmos, au nom du prestige considérable qu'il apporte à la religion catholique, je vous demande donc, de déclarer Galilée innocent de tous les griefs qui lui sont reprochés.

La Très Sainte Inquisition contre l'hérésie et les déviations de la foi s'honorerait si, après avoir organisé ce procès dans des conditions exceptionnelles de transparence et d'équité, ce qui a permis de faire apparaître la vérité, elle reconnaissait que le dossier d'accusation est vide de preuves, si ce n'est d'arguments.

Si le tribunal demandait à l'avenir à Galilée de mieux maîtriser son langage et ses écrits, je n'en serais pas trop affecté. Cela, je l'avoue.

En vous remerciant, Nobles Eminences, d'avoir écouté si longtemps mon humble plaidoirie, je vous laisse délibérer en faisant confiance à votre sagesse.

Je suis persuadé qu'avec l'aide de Dieu vous rendrez un jugement exemplaire.

A présent, mon maître Galilée veut vous lire une courte déclaration.

*

(Galilée se laisse tomber sur le prie-Dieu placé devant lui, saisit une feuille de papier et lit :)

— Moi, Galileo Galilei, fils de Vincenzo Galilei, citoyen de Florence, âgé de soixante-dix ans, je déclare sous la foi du serment le plus sacré :

Que tout ce que j'ai accompli, je l'ai fait dans le but de mieux comprendre et de mieux aimer Dieu et de m'en rapprocher.

Que j'ai toujours été un bon catholique et que je n'ai jamais cherché à affaiblir la Sainte Église catholique, apostolique et romaine, que j'aime et je respecte.

Que je considère désormais que la théorie de Copernic est une théorie séduisante, mais qu'elle est non prouvée et démontrée.

Que si j'ai pu, par mes écrits ou mes paroles, jeter le trouble dans les consciences de notre république catholique, je m'en repens, et je m'efforcerai de ne plus recommencer.

Que je répète ici très solennellement l'amour, l'admiration et l'estime que je voue, plus que jamais, à Sa Sainteté notre père à tous, Urbain VIII.

*

Si j'avais défendu Galilée, comme je viens ici de le faire, je me demande quelquefois si j'aurais convaincu les « Nobles Eminences ». Il m'est très difficile d'imaginer les raisonnements secrets qui pouvaient trouver place dans leurs neurones. Peut-être, en disant et en répétant ce que personne n'a pu dire, aurais-je ébranlé certaines convictions profondément assurées. Après tout, il ne s'agissait pas d'une assemblée d'imbéciles. Loin de là. Peut-être aurais-je pu agir — si peu que ce fût — sur leur conscience.

Peut-être pas car je crois que ce procès fut plus un procès politique que théologique !

Dans ce cas, voici le jugement tel qu'il eût pu être rendu. Je n'aurais pu espérer mieux.

Le jugement possible

Après une interruption d'une heure environ, où les cardinaux sont sortis pour délibérer, le tribunal rentre dans la salle de Minerve.

Le silence se fait.

Le président Francesco Barberini se lève et dit :

— Accusé, levez-vous !

Galilée, toujours très abattu, se lève. Il est fatigué. Il tremble un peu.

— Nous, tribunal de la Sainte Inquisition, désigné pour lutter contre l'hérésie et la dépravation et pour défendre la pureté de la religion catholique, apostolique et romaine, après avoir entendu l'acte d'accusation du Grand Inquisiteur, après avoir écouté la plaidoirie du père Castelli, après avoir longuement délibéré, déclarons :

Vous, Galilée, par votre attitude provocatrice et orgueilleuse, par vos déclarations publiques et vos écrits, avez jeté le trouble dans les esprits de la communauté des catholiques sincères et honnêtes. Par votre brio dans les exposés oraux ou écrits, vous avez pu laisser l'impression que vous considériez que le système de Copernic, suivant lequel la Terre tourne sur elle-même et autour du Soleil, était la vérité au sens philosophique du terme.

Or, les arguments scientifiques que vous avez apportés en faveur de cette théorie ne sont en rien démonstratifs et même certains sont sûrement faux.

Tel est le cas de l'argument que vous avez constamment développé sur l'explication du flux et du reflux de la mer. Nous l'avons fait examiner par les plus grands docteurs de la physique, dont certains sont vos disciples, et aucun ne l'a trouvé convaincant.

Il en est de même de l'argument suivant lequel les taches solaires qui sont, nous en sommes d'accord, sans doute liées au Soleil lui-même, pourraient être utilisées comme une preuve de la théorie de Copernic.

Nous n'avons pas trouvé non plus que le système de Copernic soit beaucoup plus simple que le système de Ptolémée, car l'un comme l'autre utilisent une combinaison de sphères qui rendent sa description extraordinairement compliquée. Votre argument concernant l'élégance ne me paraît guère concevable. Si vous vouliez utiliser cet argument *(il s'adresse à moi)*, il fallait, cher maître, adopter le système de l'hérétique Kepler qui, lui, utilise des ellipses et n'a donc pas besoin d'une multiplicité de cercles.

Ce qui demeure de votre argumentation est le fait que les petites planètes tournent autour du gros

Soleil comme les satellites médiciens tournent autour de Jupiter. C'est sans conteste un argument auquel nous sommes sensibles.

Sur le plan scientifique, donc, votre argumentaire n'est pas bon, et pour nous en tenir à la primauté de l'observation, que vous avez toujours prônée, les éphémérides de Tycho Brahé étant supérieures à toutes les autres, vous n'avez pas d'arguments solides pour refuser son système.

En revanche, sur le plan théologique, votre attitude est beaucoup moins condamnable que ce qu'ont prétendu les théologiens, certes tout à fait estimables, mais sans doute un peu rigides. Comme vous l'avez affirmé dans votre lettre à Christine de Lorraine, il est sans doute envisageable d'interpréter la Bible de manière allégorique, plus largement que nous ne le faisons généralement, et votre suggestion sur le passage de Josué méritait à tout le moins qu'on l'examinât plutôt que d'en rejeter l'examen *a priori*.

En fait, l'attitude prêchée par le cardinal Roberto Bellarmin est en tous points la bonne.

Il faut laisser la science se développer suivant ses méthodes propres, avec ses démonstrations, avec ses vérités successives.

La théologie n'a aucune raison de s'opposer au développement scientifique. Nous vous en donnons acte.

En revanche, l'interprétation philosophique des résultats scientifiques ne peut être confiée aux seuls scientifiques et notre Mère l'Eglise se doit d'en conserver le primat — ce qui n'exclut pas un débat entre les chrétiens, et pas seulement parmi les ecclésiastiques.

Quant à la vérité ou à la fausseté du système de Copernic, nous n'en avons aucune preuve. C'est pourquoi nous continuons à conserver celui de Ptolémée, car il est conforme aux apparences et nous l'utilisons depuis longtemps.

Mais, pour bien montrer notre esprit d'ouverture, nous souhaitons que les deux systèmes du monde, celui de Ptolémée et celui de Copernic, soient enseignés dans nos universités et connus de tous. C'est dans cet esprit que le Saint-Père vous avait demandé d'écrire le *Dialogue sur les deux systèmes du monde*, afin que tous les connaissent.

Si d'aventure il existait un jour des preuves de la supériorité du système de Copernic sur le système de Ptolémée, la Sainte Congrégation des Rites ne manquerait pas d'examiner le problème favorablement, et en urgence.

Compte tenu de ces analyses, compte tenu de votre repentir sincère, le tribunal vous demande d'éviter à l'avenir toute attitude provocatrice vis-à-vis de l'Eglise et des théologiens.

Elle vous invite enfin à poursuivre vos recherches scientifiques à condition de bien rester dans vos domaines de compétence !

Galilée sourit, Castelli se précipite sur lui et l'embrasse.

*

Mais je n'ai pas défendu Galilée.

Aussi dois-je maintenant donner le texte de la sentence qui fut proclamée, dans ce style presque impénétrable où s'entortillait la vérité proclamée.

Ensuite, je raconterai la trop fameuse abjuration.

La sentence historique

Nous, Gaspare Borgia, du titre de Sainte-Croix de Jérusalem,

Fra Felice Centino, du titre de S. Anastasia, dit d'Ascoli; Guido Bentivoglio, du titre de S. Maria del Popolo; Fra Desiderio Scaglia, du titre de S. Carlo, dit Cremona; Fra Antonio Barberino, dit S. Onofrio; Laudivio Zacchia du titre de S. Pietro in Vincoli, dit de S. Sisto; Berlingero Gesso, du titre de S. Agostino; Fabrizio Verospio, du titre de S. Lorenzo in Panisperna, prêtres. Francesco Barberino, du titre de S. Lorenzo in Damaso; Marzio Ginetto, de S. Maria Novella, diacres. Par la miséricorde de Dieu, de la Sainte Eglise romaine, cardinaux de toute la République chrétienne, Inquisiteurs généraux de Sa Sainteté apostolique spécialement députés contre la dépravation hérétique :

Attendu que toi, Galileo, fils de Vincenzo Galilei, Florentin, âgé de soixante-dix ans, tu as été dénoncé depuis 1615 à ce Saint-Office comme tenant pour vraie la fausse doctrine selon laquelle le Soleil est au centre du monde et que la Terre se meut d'un mouvement diurne ;

attendu que tu avais des disciples auxquels tu enseignais la même doctrine ; et que, sur le même sujet, tu entretenais une correspondance avec les mathématiciens d'Allemagne ;

attendu que tu as donné à imprimer des lettres intitulées *Des taches solaires* dans lesquelles tu expliquais la même doctrine, comme si elle était vraie ;

attendu qu'aux objections qui t'étaient présentées, tirées de la Sainte Ecriture, tu répondais en interprétant cette Ecriture à ta manière ;

attendu qu'il nous fut présenté un écrit sous forme de lettre adressée à un de tes disciples, dans laquelle, selon la position de Copernic, se lisaient diverses propositions contre le véritable sens et l'autorité de la Sainte Ecriture ;

pour toutes ces raisons, ce tribunal ayant résolu de remédier au désordre et au danger qui croissaient au préjudice de la Sainte Foi, sur l'ordre de Notre Seigneur et des Eminents et Révérends cardinaux de cette Suprême et Universelle Inquisition, les théologiens qualifiés ont défini les deux propositions de la stabilité du Soleil et du mouvement de la Terre de la manière suivante :

— La proposition que le Soleil est au centre du monde et immobile d'un mouvement local est absurde, fausse en philosophie et formellement hérétique, parce qu'elle est expressément contraire à la Sainte Ecriture.

— La proposition que la Terre n'est pas au centre du monde, ni immobile, mais qu'elle se meut d'un mouvement diurne est également absurde et fausse en philosophie et considérée en théologie au moins comme erronée selon la Foi.

Attendu qu'à l'époque on a voulu procéder envers toi avec bénignité, il fut décrété par la Sainte Congrégation tenue en présence de Notre Seigneur, le 25 février 1616, que l'Eminentissime cardinal Bellarmin t'ordonnât d'abandonner cette fausse opinion, et, si tu refusais de le faire, que le commissaire du Saint-Office te prescrivît de l'abandonner et de ne pouvoir l'enseigner à d'autres, ni la défendre, ni en traiter, sous peine d'être emprisonné si tu n'acceptais pas un tel ordre ; et en exécution de ce décret, le jour suivant dans le palais, en présence de S. E. le cardinal Bellarmin, après en avoir été informé avec bienveillance par ledit cardinal Bellarmin, et reçu l'admonition, le père commissaire du Saint-Office, devant notaire et témoins, te fit une obligation de ne pouvoir à l'avenir tenir ni défendre ni enseigner de quelque façon que ce soit, ni en paroles ni par écrit cette fausse opinion ; et, en ayant pris l'engagement, tu fus renvoyé.

Afin de supprimer complètement cette doctrine pernicieuse et d'éviter qu'elle se répande au préjudice de la vérité catholique, a été promulgué le décret de la Sainte Congrégation de l'Index par lequel furent interdits les livres qui traitent d'une telle doctrine déclarée fausse et entièrement contraire à la Sainte et Divine Ecriture.

Ce nonobstant, vient de paraître ici un livre imprimé à Florence, l'an dernier, dont l'inscription montrait que tu en étais l'auteur et don le titre était : *Dialogo di Galileo Galilei dei due Massimi Sistemi del mondo, Ptolemaico e Copernicano.* La Sainte Congrégation étant informée que ce livre répandait de plus en plus la fausse opinion de la stabilité du Soleil et du mouvement de la Terre : ledit livre, diligemment examiné, révéla la violation expresse de l'injonction qui t'avait été notifiée ; en effet, dans le même livre se trouve défendue l'opinion déjà condamnée et déclarée comme telle en ta présence. Or, dans ce livre, par divers détours, tu insinues que la question reste indécise bien que fort probable, ce qui constitue une faute très grave, puisqu'une opinion ne saurait en aucune façon être considérée comme probable une fois qu'elle a été déclarée et définie comme contraire aux Saintes Ecritures.

C'est pourquoi, sur notre ordre, tu as été rappelé devant le Saint-Office, et sous serment, tu as reconnu avoir composé et fait imprimer ce livre. En outre, tu as reconnu que dix à douze ans, à peu près, après la notification de cette injonction, tu as commencé à écrire ce livre et tu as demandé la faculté de l'imprimer, sans pourtant informer ceux qui t'ont donné ce permis...

Tu as reconnu de même que la rédaction du livre est telle, qu'en plusieurs endroits le lecteur pourrait prendre les arguments qui s'opposent à la fausse doctrine, comme s'ils leur étaient plutôt favorables [...]. Ajoutant même que tu t'es abandonné à ta complaisance naturelle de montrer tes propres subtilités. Pour t'excuser d'être tombé dans une erreur aussi éloignée de ton intention, tu as fait valoir la forme dialoguée de ton écrit et la vanité naturelle de chaque auteur devant ses propres subtilités, lorsqu'il se montre capable, même en face de propositions fausses, de trouver des arguments ingénieux.

Attendu qu'il t'a été assigné un terme convenable pour établir ta défense, tu as produit un certificat, écrit de la main du Seigneur Éminentissime le cardinal Bellarmin. Tu t'es procuré ce certificat, comme tu l'as dit, pour te défendre contre les calomnies de tes ennemis qui prétendaient que tu avais abjuré et avais été soumis à des pénitences salutaires [...]. Dans ce certificat ne figuraient pas les expressions « enseigner » ni « de quelque façon que ce soit » [...]. Mais ce certificat, que tu as présenté pour ta défense, aggrave ton cas, puisqu'il y est dit que cette opinion est contraire à la Sainte Ecriture et que néanmoins tu as osé la défendre et la présenter comme probable [...].

Attendu qu'il nous apparaît que tu n'avais pas dit la vérité tout entière sur ton intention, nous avons jugé nécessaire de te soumettre au rigoureux examen ; c'est à ce moment-là que tu as répondu catholiquement.

Par conséquent, après avoir examiné et mûrement considéré les mérites de cette cause, les confessions et les excuses et tout ce qui pouvait raisonnablement être retenu contre toi et pris en considération, nous en sommes venus à prononcer contre toi la sentence définitive suivante :

Après avoir invoqué le Saint Nom de Notre Seigneur Jésus-Christ et de la Très Glorieuse Mère toujours Vierge Marie :

Par notre sentence définitive, telle qu'elle résulte du tribunal constitué par le conseil et les avis des R. P. Maîtres de Sacrée Théologie, des docteurs de l'une et l'autre loi, nos consulteurs, nous prononçons par écrit, dans la cause présentée devant nous, entre le magnifique Carlo Sinceri, docteur *in utroque*, procureur fiscal du Saint-Office, d'une part, et toi Galileo Galilei, accusé et ici présent coupable, interrogé, confès et jugé, d'autre part;

Nous disons, prononçons, jugeons et déclarons que toi, Galilée, par les motifs déduits du procès et par toi confessés, tu t'es rendu véhémentement suspect d'hérésie devant le Saint-Office, pour avoir tenu et adopté la doctrine fausse et contraire aux Ecritures saintes et divines, que le Soleil est au centre du monde et immobile, tandis que la Terre n'est pas au centre et se meut, opinion que l'on peut ni tenir ni défendre pour probable, alors qu'elle a été déclarée et définie comme contraire à la Sainte Ecriture; en conséquence tu as encouru toutes les censures et peines imposées et promulguées par les Sacrés Canons, et les autres constitutions générales et particulières, contre de tels délinquants.

De ces peines et censures, nous acceptons que tu sois délié pourvu que d'abord, d'un cœur sincère et d'une foi non feinte, tu abjures, maudisses et détestes devant nous les susdites erreurs et hérésies et toutes les autres erreurs et hérésies contraires à l'Eglise catholique et apostolique, de la façon et sous la forme qui par nous te sera prescrite.

Et afin que cette grave et pernicieuse erreur et transgression ne demeure pas totalement impunie, que tu sois plus prudent à l'avenir et serves d'exemple à d'autres pour qu'ils s'abstiennent de semblables délits, nous ordonnons que par un édit public soit interdit le livre du *Dialogue* de Galileo Galilei.

Nous te condamnons à la prison formelle de ce Saint-Office, à notre seul arbitre ; et pour pénitence salutaire, nous t'imposons de réciter durant trois ans, une fois par semaine, les sept Psaumes de la pénitence : nous nous réservons la faculté de modérer, de changer ou lever, en tout ou en partie, les susdites peines et pénitences.

L'abjuration

Il fallait encore qu'il abjurât. Le même jour, à genoux, il dut répéter l'acte solennel de renoncement à ses erreurs. Les clercs avaient enfin réussi à lui faire publiquement renier toute son œuvre, toute sa vie.

— Moi, Galileo Galilei, fils de feu Vincenzo Galileo, Florentin, âgé de soixante-dix ans, personnellement présent devant ce tribunal, agenouillé devant vous, Très Eminents et Révérends Cardinaux, Inquisiteurs généraux dans toute la République chrétienne contre la perversité hérétique ; ayant sous les yeux les sacro-saints Evangiles que je touche de mes propres mains.

Je jure que j'ai toujours cru, que je crois maintenant et qu'avec l'aide de Dieu je continuerai à l'avenir à croire tout ce que tient pour vrai, prêche, enseigne la Sainte Eglise catholique et apostolique.

Attendu que ce Saint-Office m'avait intimé juridiquement l'ordre d'abandonner la fausse opinion selon laquelle le Soleil est au centre du monde et immobile tandis que la Terre n'est pas au centre du monde et est mobile;

attendu que je ne pouvais tenir, défendre ni enseigner en aucune façon, oralement ou par écrit, ladite fausse doctrine, après qu'elle m'a été notifiée comme contraire à la Sainte Ecriture;

attendu, d'autre part, que j'ai écrit et donné à imprimer un livre dans lequel je traite de la même doctrine déjà condamnée, en y apportant des raisons très efficaces en sa faveur [...].

J'ai été jugé véhémentement suspect d'hérésie; c'est-à-dire d'avoir tenu et cru que le Soleil est au centre du monde et immobile, alors que la Terre n'est pas au centre du monde et se meut.

Par conséquent, voulant ôter de l'esprit de Vos Eminences et de tous les fidèles chrétiens cette véhémente suspicion justement conçue par moi, je viens d'un cœur sincère et d'une foi non feinte abjurer, maudire et détester les susdites erreurs et hérésies et, en général, toutes les erreurs, hérésies et sectes contraires à la Sainte Eglise. Et je jure qu'à l'avenir je ne dirai ni affirmerai jamais plus, ni verbalement ni par écrit, des choses qui puissent m'en rendre suspect.

Si je connais quelque hérétique ou suspect d'hérésie, je le dénoncerai au Saint-Office ou à l'Inquisition du lieu où je me trouverai [...].

Moi, Galilée, soussigné, j'ai abjuré, juré, promis et me suis engagé selon ce qui précède; en foi de quoi, de ma propre main, j'ai signé la présente déclaration de mon abjuration et je l'ai récitée mot à mot à Rome dans le couvent de la Minerve, ce 22 juin 1633.

Moi, Galileo Galilei, j'ai abjuré comme ci-dessus et signé de ma propre main.

*

Ici apparaît la signature de l'homme que je n'ai pas défendu.

Quant au célèbre « Et pourtant elle tourne », qui aurait suivi cette abjuration, seule l'oreille de l'Histoire l'a entendu.

Il est vrai qu'elle est la seule qui compte.

ANNEXES

Discours du pape Jean Paul II devant l'Académie pontificale
le 31 octobre 1992

Messieurs les Cardinaux,
Excellences,
Mesdames, Messieurs,

La conclusion de la session plénière de l'Académie pontificale des sciences me donne l'heureuse occasion de rencontrer ses illustres membres, en présence de mes principaux collaborateurs et des chefs des missions diplomatiques accréditées auprès du Saint-Siège. A tous, j'adresse un salut chaleureux.

Deux sujets retiennent aujourd'hui notre attention. Ils viennent d'être présentés avec compétence et je voudrais dire ma gratitude à Monsieur le Cardinal Paul Poupard et au Révérend Père Georges Coyne pour leurs exposés.

En premier lieu, je désire féliciter l'Académie pontificale des sciences d'avoir choisi, pour sa session plénière, de traiter un problème de grande importance et de grande acuité : celui de l'émergence de la complexité en mathématiques, en physique, en chimie et en biologie.

L'émergence du thème de la complexité marque probablement, dans l'histoire des sciences de la nature, une étape aussi importante que le fut l'étape à laquelle a été attaché le nom de Galilée, alors qu'un modèle univoque de l'ordre semblait devoir s'imposer. La complexité indique précisément que, pour rendre compte de la richesse du réel, il est nécessaire de recourir à une pluralité de modèles.

Ce constat pose une question qui intéresse scientifiques, philosophes et théologiens : comment concilier l'explication du monde — et ceci dès le niveau des entités et des phénomènes élémentaires — avec la reconnaissance de cette donnée que « le tout est plus que la somme des parties ».

Dans son effort de description rigoureuse et de formalisation des données de l'expérience, le scientifique est conduit à recourir à des concepts métascientifiques dont l'usage est comme exigé par la logique de sa démarche. Il convient de préciser avec exactitude la nature de tels concepts, pour éviter que l'on ne procède à des extrapolations indues qui lient les découvertes strictement scientifiques à une vision du monde ou à des affirmations idéologiques ou philosophiques qui n'en sont nullement des corollaires. On saisit ici l'importance de la philosophie qui considère les phénomènes aussi bien que leur interprétation.

Pensons, à titre d'exemple, à l'éducation de théories nouvelles au niveau scientifique pour rendre compte de l'émergence du vivant. En bonne méthode, on ne saurait les interpréter immédiatement et dans le cadre homogène de la science. Notamment, quand il s'agit de ce vivant qu'est l'homme et de son cerveau, on ne peut pas dire que ces théories constituent par elles-mêmes une affirmation ou une négation de l'âme spirituelle, ou encore qu'elles fournissent une preuve de la doctrine de la création, ou au contraire qu'elles la rendent inutile.

Un travail d'interprétation ultérieure est nécessaire : c'est précisément l'objet de la philosophie, laquelle est recherche du sens global des données de l'expérience, et donc également des phénomènes recueillis et analysés par les sciences.

La culture contemporaine exige un effort constant de synthèse des connaissances et d'intégration des savoirs. Certes, c'est à la spécialisation des recherches que sont dus les succès que nous constatons. Mais si elle n'est pas équilibrée par une réflexion soucieuse de marquer l'articulation des savoirs, le risque est grand d'aboutir à une « culture éclatée », qui serait en fait la négation de la vraie culture. Car celle-ci ne se conçoit pas sans humanisme et sagesse.

J'étais animé par des préoccupations similaires, le 10 novembre 1979, lors de la célébration du premier centenaire de la naissance d'Albert Einstein, quand j'exprimai devant cette même Académie le souhait que « des théologiens, des savants et des historiens, animés par esprit de sincère collaboration, approfondissent l'examen du cas Galilée et, dans une reconnaissance loyale des torts de quelque côté qu'ils viennent, fassent disparaître la défiance que cette affaire oppose encore, dans beaucoup d'esprits, à une concorde fructueuse entre science et foi [1] ». Une commission d'étude a été constituée dans ce but le 3 juillet 1981. L'année même où l'on célèbre le trois cent cinquantième anniversaire de la mort de Galilée, la commission présente aujourd'hui, en conclusion de ses travaux, un ensemble de publications que j'apprécie vivement. Je désire exprimer ma sincère reconnaissance au cardinal Poupard, chargé de coordonner les recherches de la commission

1. AAS 71 (1979), pp. 1464-1465.

en sa phase conclusive. A tous les experts qui ont participé de quelque manière aux travaux des quatre groupes qui ont mené cette étude pluridisciplinaire, je dis ma profonde satisfaction et ma vive gratitude. Le travail effectué depuis plus de dix ans répond à une orientation suggérée par le concile Vatican II et permet de mieux mettre en lumière plusieurs points importants de la question. A l'avenir, on ne pourra pas ne pas tenir compte des conclusions de la commission.

On s'étonnera peut-être qu'au terme d'une semaine d'études de l'Académie sur le thème de l'émergence de la complexité dans les diverses sciences, je revienne sur le cas Galilée. Ce cas n'est-il pas depuis longtemps classé et les erreurs commises n'ont-elles pas été reconnues ?

Certes, cela est vrai. Cependant, les problèmes sous-jacents à ce cas touchent à la nature de la science comme à celle du message de la foi. Il n'est donc pas à exclure que l'on se trouve un jour devant une situation analogue, qui demandera aux uns et aux autres une conscience avertie du champ et des limites de ses propres compétences. L'approche du thème de la complexité pourrait en fournir une illustration.

Une double question est au cœur du débat dont Galilée fut le centre.

La première est d'ordre épistémologique et concerne l'herméneutique biblique. A ce propos, deux points sont à relever. D'abord, comme la plupart de ses adversaires, Galilée ne fait pas de distinction entre ce qu'est l'approche scientifique des phénomènes naturels et la réflexion sur la nature, d'ordre philosophique, qu'elle appelle généralement. C'est pourquoi il a refusé la suggestion qui lui était faite de présenter comme une hypothèse le système de Copernic, tant qu'il n'était pas confirmé par des preuves irréfutables. C'était pourtant là une exigence de la méthode expérimentale dont il fut le génial initiateur.

Ensuite, la représentation géocentrique du monde était communément admise dans la culture du temps comme pleinement concordante avec l'enseignement de la Bible dont certaines expressions, prises à la lettre, semblaient constituer des affirmations de géocentrisme. Le problème que se posèrent donc les théologiens de l'époque est celui de la compatibilité de l'héliocentrisme et de l'Ecriture.

Ainsi la science nouvelle, avec ses méthodes et la liberté de recherche qu'elles supposent, obligeait les théologiens à s'interroger sur leurs propres critères d'interprétation de l'Ecriture. La plupart n'ont pas su le faire.

Paradoxalement, Galilée, croyant sincère, s'est montré plus perspicace sur ce point que ses adversaires théologiens. « Si l'Ecriture ne peut errer, écrit-il à Benetto Castelli, certains de ses interprètes et commentateurs le peuvent et de plusieurs façons [1]. »

On connaît aussi la lettre à Christine de Lorraine (1615) qui est comme un petit traité d'herméneutique biblique [2].

Nous pouvons déjà ici émettre une première conclusion. L'irruption d'une manière nouvelle d'affronter l'étude des phénomènes naturels impose une clarification de l'ensemble des disciplines du savoir. Elle les oblige à mieux délimiter leur champ propre, leur angle d'approche, leurs méthodes, ainsi que la portée exacte de leurs conclusions. En d'autres termes, cette apparition

1. Lettre du 21 décembre 1613, in *Edizione nazillon delle Opere di Galileo Galileï*, dir. A. Favaro, réédition de 1968, vol. V. p. 282.
2. Lettre à Christine de Lorraine, 1615, *id.*, vol. V. pp. 307-348.

oblige chacune des disciplines à prendre une conscience plus rigoureuse de sa propre nature.

Le bouleversement provoqué par le système de Copernic a ainsi exigé un effort de réflexion épistémologique sur les sciences bibliques, effort qui devait porter plus tard des fruits abondants dans les travaux exégétiques modernes et qui a trouvé dans la constitution conciliaire *Dei Verbum* une consécration et une nouvelle impulsion.

La crise que je viens d'évoquer n'est pas le seul facteur à avoir eu des répercussions sur l'interprétation de la Bible. Nous touchons ici au deuxième aspect du problème, l'aspect pastoral.

En vertu de sa mission propre, l'Eglise a le devoir d'être attentive aux incidences pastorales de sa parole.

Qu'il soit clair, avant tout, que cette parole doit correspondre à la vérité. Mais il s'agit de savoir comment prendre en considération une donnée scientifique nouvelle quand elle semble contredire des vérités de foi. Le jugement pastoral que demandait la théorie copernicienne était difficile à porter dans la mesure où le géocentrisme semblait faire partie de l'enseignement lui-même de l'Ecriture. Il aurait fallu tout ensemble vaincre des habitudes de pensée et inventer une pédagogie capable d'éclairer le peuple de Dieu. Disons, d'une manière générale, que le pasteur doit se montrer prêt à une authentique audace, évitant le double écueil de l'attitude timorée et du jugement précipité, qui l'un et l'autre peuvent faire beaucoup de mal.

Une crise analogue à celle dont nous parlons peut être ici évoquée. Au siècle passé et au début du nôtre, la progrès des sciences historiques a permis d'acquérir de nouvelles connaissance sur la Bible et le milieu biblique. Le contexte rationaliste dans lequel, le plus souvent, les acquis étaient présentés, a pu sembler les rendre ruineux pour la foi chrétienne. Certains, dans le souci de défendre la foi, ont pensé qu'il fallait rejeter des conclusions historiques sérieusement établies. Ce fut là une décision précipitée et malheureuse. L'œuvre d'un pionnier comme le père Lagrange aura été de savoir opérer les discernements nécessaires sur la base de critères sûrs.

Il faut répéter ici ce que j'ai dit plus haut. C'est un devoir pour les théologiens de se tenir régulièrement informés des acquisitions scientifiques pour examiner, le cas échéant, s'il y a lieu ou non de les prendre en compte dans leur réflexion ou d'opérer des révisions dans leur enseignement.

Si la culture contemporaine est marquée par une tendance au scientisme, l'horizon culturel de l'époque de Galilée était unitaire et portait l'empreinte d'une formation philosophique particulière. Ce caractère unitaire de la culture, qui est en soi positif et souhaitable aujourd'hui encore, fut une des causes de la condamnation de Galilée. La majorité des théologiens ne percevait pas la distinction formelle entre l'Ecriture sainte et son interprétation, ce qui les conduisit à transposer indûment dans le domaine de la doctrine de la foi une question de fait relevant de l'investigation scientifique.

En réalité, comme l'a rappelé le cardinal Poupard, Roberto Bellarmin, qui avait perçu le véritable enjeu du débat, estimait pour sa part que, devant d'éventuelles preuves scientifiques de l'orbitation de la Terre autour du Soleil, on devait « interpréter avec une grande circonspection » tout passage de la Bible qui semble affirmer que la Terre est immobile et « dire que nous ne comprenons pas, plutôt que d'affirmer que ce qui est démontré est faux [1] ». Avant lui, c'était déjà la même sagesse et le même respect de la Parole divine qui inspiraient saint Augustin lorsqu'il écrivait : « S'il arrive que l'autorité des Saintes Ecritures soit mise en opposition avec une raison manifeste et certaine, cela veut dire que celui qui [interprète l'Ecriture] ne la comprend pas correctement. Ce n'est pas le sens de l'Ecriture qui s'oppose à la vérité, mais le sens qu'il a voulu lui donner. Ce qui s'oppose à l'Ecriture ce n'est pas ce qui est en elle, mais ce qu'il y a mis lui-même, croyant que cela constituait son sens [2]. » Il y a un siècle, le pape Léon XIII faisait écho à ce conseil dans son encyclique *Providentissimus Deus* : « Puisque le vrai ne peut en aucune façon contredire le vrai, on peut-être certain qu'une erreur s'est glissée soit dans l'interprétation des paroles sacrées, soit dans une autre partie de la discussion [3]. »

Le cardinal Poupard nous a également rappelé comment la sentence de 1633 n'était pas irréformable et comment le débat, qui n'avait cessé d'évoluer, fut clos en 1839 avec l'*imprimatur* accordé à l'ouvrage du chanoine Settele [4].

A partir du Siècle des lumières et jusqu'à nos jours, le cas Galilée a constitué une sorte de mythe, dans lequel l'image que l'on s'était forgée des événements était passablement éloignée de la réalité. Dans cette perspective, le cas Galilée était le symbole du prétendu refus par

1. Lettre au père A. Foscarini, 12 avril 1615, *id.*, vol. XII, p. 172.

2. Saint Augustin, *Epistula*, 143, n° 7 ; pl. 33, col. 588.

3. Leonis XIII, *Pont. Max. Acta*, vol. XIII (1894), p. 361.

4. Cf. *Pontifical Academia Scientiarum, Copernico, Galilei e la Chiesa. Fine della controversia* (1820). Gli atti del Sant'Ufficio, a cura di W. Brandmüller e E. J. Greipl, Firenze, Oslchki, 1992.

l'Eglise du progrès scientifique, ou bien de l'obscurantisme « dogmatique » opposé à la libre recherche de la vérité. Ce mythe a joué un rôle culturel considérable ; il a contribué à ancrer de nombreux scientifiques de bonne foi dans l'idée qu'il y avait incompatibilité entre, d'un côté l'esprit de la science et son éthique de recherche et, de l'autre, la foi chrétienne. Une tragique incompréhension réciproque a été interprétée comme le reflet d'une opposition constitutive entre science et foi. Les élucidations apportées par les récentes études historiques nous permettent d'affirmer que ce douloureux malentendu appartient désormais au passé.

On peut tirer de l'affaire Galilée un enseignement qui reste d'actualité par rapport à des situations analogues qui se présentent aujourd'hui et peuvent se présenter demain.

Au temps de Galilée, il était inconcevable de se représenter un monde qui fût dépourvu d'un point de référence physique absolu. Et comme le cosmos alors connu était pour ainsi dire contenu dans le seul système solaire, on ne pouvait situer ce point de référence que sur la Terre ou sur le Soleil. Aujourd'hui, après Einstein et dans la perspective de la cosmologie contemporaine, aucun de ces deux points de référence n'a plus l'importance qu'il présentait alors. Cette remarque ne vise pas, cela va de soi, la validité de la position de Galilée dans le débat ; elle entend indiquer que souvent, au-delà de deux visions partiales et contrastées, il existe une vision plus large qui les inclut et les dépasse l'une et l'autre.

Un autre enseignement qui se dégage est le fait que les diverses disciplines du savoir appellent une diversité de méthodes. Galilée, qui a pratiquement inventé la méthode expérimentale, avait compris, grâce à son intuition de physicien de génie et en s'appuyant sur divers arguments, pourquoi seul le Soleil pouvait avoir fonction de centre du monde, tel qu'il était alors connu, c'est-à-dire comme système planétaire. L'erreur des théologiens d'abord, quand ils soutenaient la centralité de la Terre, fut de penser que notre connaissance de la structure du monde physique était, d'une certaine manière, imposée par le sens littéral de l'Ecriture sainte. Rappelons-nous le mot célèbre attribué à Baronius : « *Spiritui Sancto membre fuisse nos docere quomodo ad cœlum eatur, non quomodo cœlum gradiatur*[1] ». En réalité, l'Ecriture ne s'occupa pas des détails du monde physique, dont la connaissance est confiée à l'expérience et au raisonnement humain. Il existe deux domaines du savoir, celui qui a sa source dans la Révolution et celui que la raison peut découvrir par ses seules forces. A ce dernier appartiennent notamment les sciences expérimentales et la philosophie. La distinction entre les deux domaines du savoir ne doit pas être comprise comme une opposition. Les deux domaines ne sont pas purement extérieurs l'un à l'autre, ils ont des points de rencontre. Les méthodologies propres à chacun permettent de mettre en évidence des aspects différents de la réalité.

Votre Académie conduit ses travaux dans cet état d'esprit. Sa tâche principale est de promouvoir le développement des connaissances, selon la légitime autonomie de la science que le Siège apostolique reconnaît expressément dans les statuts de votre institution.

Ce qui importe, dans une théorie scientifique ou philosophique, c'est avant tout qu'elle soit vraie ou, du moins, sérieusement et solidement établie. Et le but de votre Académie est précisément de discerner et de faire

1. « Le rôle de l'Esprit saint doit être de nous dire comment aller au ciel, et non pas comment y monter. »

connaître, dans l'état actuel de la science et pour le domaine qui est le sien, ce qui peut être regardé comme une vérité acquise ou du moins comme jouissant d'une telle probabilité qu'il serait imprudent et déraisonnable de le rejeter. Ainsi pourront être évités des conflits inutiles.

Le sérieux de l'information scientifique sera ainsi la meilleure contribution que l'Académie pourra apporter à l'énoncé exact et à la solution des problèmes angoissants auxquels l'Eglise, en vertu de sa mission propre, a le devoir de porter attention — problèmes qui ne concernent plus seulement l'astronomie, la physique et la mathématique, mais également des disciplines relativement nouvelles comme la biologie et la biogénétique. Bien des découvertes scientifiques récentes et leurs applications possibles ont une incidence plus directe que jamais sur l'homme lui-même, sur sa pensée et son action, au point de sembler menacer les fondements mêmes de l'humain.

Il y a, pour l'humanité, un double mode de développement. Le premier comprend la culture, la recherche scientifique et technique, c'est-à-dire tout ce qui appartient à l'horizontalité de l'homme et de la création, et qui s'accroît à un rythme impressionnant. Pour que ce développement ne demeure pas totalement extérieur à l'homme, il suppose un approfondissement concomitant de la conscience ainsi que son actuation. Le second mode de développement concerne ce qu'il y a de plus profond dans l'être humain quand, transcendant le monde et se transcendant lui-même, l'homme se tourne vers celui qui est le créateur de toute chose. Cette démarche verticale peut seule, en définitive, donner tout son sens à l'être et à l'agir de l'homme, car elle le situe entre son origine et sa fin. Dans cette double démarche horizontale et verticale, l'homme se réalise pleinement comme être spirituel et comme *homo sapiens.* Mais on observe que le développement n'est pas uniforme et rectiligne, et que la progression n'est pas toujours harmonieuse. Cela rend manifeste le désordre qui affecte la condition humaine. Le scientifique, qui prend conscience de ce double développement et en tient compte, contribue à la restauration de l'harmonie.

Celui qui s'engage dans la recherche scientifique et technique admet comme présupposé à sa démarche que le monde n'est pas un chaos, mais un cosmos, c'est-à-dire qu'il y a un ordre et des lois naturelles, qui se laissent appréhender et penser, et qui ont par là une certaine affinité avec l'esprit. Einstein disait volontiers : « Ce qu'il y a, dans le monde, d'éternellement incompréhensible, c'est qu'il est compréhensible [1]. » Cette intelligibilité, attestée par les prodigieuses découvertes des sciences et des techniques, renvoie en définitive à la Pensée transcendante et originelle dont toute chose porte l'empreinte.

Mesdames, messieurs, en concluant cet entretien, je forme les meilleurs vœux afin que vos recherches et vos réflexions contribuent à offrir à nos contemporains des orientations utiles pour bâtir une société harmonieuse dans un monde plus respectueux de l'humain. Je vous remercie pour les services que vous rendez à Sa Sainteté, et je demande à Dieu de vous combler de ses dons.

1. In *The Journal of the Franklin Institute*, vol. 221, n° 3, mars 1936.

Chronologie

1542-1544	Guerre de François Ier contre Charles Quint.	
1543	Publication de l'ouvrage de Nicolas Copernic (l'année de sa mort) : *De revolutionibus orbium cælstium.*	
1545	Ouverture du concile de Trente par le pape Paul II.	
1547	Mort de François Ier, avènement d'Henri II.	
1551	Fondation du Collège romain.	
1559	Naissance de l'Index.	
1563	Fin du concile de Trente.	
1564	Mort de Michel-Ange, le 18 février. William Shakespeare naît à Stratford on Avon, le 23 avril.	Galilée naît à Florence le 15 février.
1572	Massacre de la Saint-Barthélemy.	
1581		Galilée est admis à l'université de Pise.

1589		Galilée est nommé professeur à Pise (sans diplôme).
	Henri IV devient roi de France.	
1591		Le père de Galilée, Vincenzo, meurt et lui laisse en charge sa famille.
1592		Galilée commence sa carrière comme professeur à Padoue.
1600	Giordano Bruno meurt sur le bûcher à Rome en refusant d'abjurer.	Virginia, fille de Galilée, naît à Padoue.
1601		Livia, fille de Galilée, naît à Padoue.
	Tycho Brahé meurt.	
1606		Naissance de Vincenzo, fils de Galilée.
1608	La lunette astronomique est inventée à Amsterdam.	
1609		Galilée observe la Lune.
	Kepler publie son livre *Astronomie nouvelle.*	
1610		Publication du *Messager céleste* de Galilée. Galilée est nommé premier mathématicien et philosophe du grand-duc de Toscane Cosme II.
	Mort d'Henri IV.	
1611		Galilée se rend à Rome. Il reçoit le titre de docteur *honoris causa* au Collège romain. Il est élu académicien des Lincei (les Lynx, ceux qui voient loin).

1612	Mort de Christophe Clavius.	
1613		Les filles de Galilée entrent au couvent de San Matteo d'Arcetri.
1616	La doctrine de Copernic est mise à l'Index. Shakespeare et Cervantès meurent.	
1618	Trois comètes apparaissent. Le père Orazio Grassi donne des conférences sur les comètes au Collège romain. Début de la guerre de Trente Ans.	
1619	Mario Guiducci publie un pamphlet sur les comètes.	
		Maria Gamba, l'amie de Galilée, meurt à Padoue.
1621	Mort du cardinal Roberto Bellarmin.	
1623	Maffeo Barberini est élu pape. Mort de Cosme II de Médicis.	
1624	Richelieu, Premier ministre en France.	
1630	La peste atteint Florence. Mort de Kepler.	
1632		Galilée publie le *Dialogue*.
	Défaite des Impériaux devant les protestants de Gustave Adolphe de Suède à Lützen.	

1633		Procès et condamnation de Galilée.
1637	*Discours de la méthode* de Descartes.	
1642		Galilée meurt à Arcetri. Newton naît à Woolsthorpe.

Bibliographie sommaire

Il s'agit de quelques livres qui permettront au lecteur d'aborder la question et, à partir de là, d'approfondir, s'il le désire, leur recherche.

J.-E. Blamont, *Le Chiffre et le Songe*, Odile Jacob, 1990.

Egidio Festa, *L'Erreur de Galilée*, Austral, 1995.

J.-P. Longchamp, *L'Affaire Galilée*, Cerf, 1988.

Emile Namer, *L'Affaire Galilée*, Gallimard, collection. *Archives*, 1975.

Dava Sobel, *La Fille de Galilée*, Odile Jacob, 2001.

Table

Cet ouvrage a été imprimé par la
SOCIÉTÉ NOUVELLE FIRMIN-DIDOT
Mesnil-sur-l'Estrée
pour le compte des Éditions Plon
en octobre 2002

Imprimé en France
Dépôt légal : octobre 2002
N° d'édition : 13562 – N° d'impression : 61019